钢筋混凝土框架阶梯墙结构抗震性能研究

许卫晓　程　扬　李翠翠　著

人民交通出版社股份有限公司

北　京

内 容 提 要

本书分析了造成钢筋混凝土框架结构底层薄弱破坏模式的原因和破坏倒塌过程，并提出经济实用、构造简单、适合工程应用的改善措施，对提出的改善措施的效果、抗震性能以及设计方法等问题进行全面系统的研究。

本书可供从事建筑抗震的科研、设计、施工人员参考。

图书在版编目（CIP）数据

钢筋混凝土框架阶梯墙结构抗震性能研究 / 许卫晓，程扬，李翠翠著. — 北京：人民交通出版社股份有限公司，2020.9

ISBN 978-7-114-16789-8

Ⅰ.①钢… Ⅱ.①许… ②程… ③李… Ⅲ.①钢筋混凝土框架—抗震性能研—研究 Ⅳ.①TU375.4

中国版本图书馆 CIP 数据核字（2020）第 154454 号

Gangjin Hunningtu Kuangjia Jietiqiang Jiegou Kangzhen Xingneng Yanjiu

书　　名：钢筋混凝土框架阶梯墙结构抗震性能研究
著 作 者：许卫晓　程　扬　李翠翠
责任编辑：朱明周
责任校对：席少楠
责任印制：刘高彤
出版发行：人民交通出版社股份有限公司
地　　址：（100011）北京市朝阳区安定门外外馆斜街 3 号
网　　址：http://www.ccpcl.com.cn
销售电话：（010）59757973
总 经 销：人民交通出版社股份有限公司发行部
经　　销：各地新华书店
印　　刷：北京虎彩文化传播有限公司
开　　本：720×960　1/16
印　　张：7.5
字　　数：133 千
版　　次：2020 年 9 月　第 1 版
印　　次：2020 年 9 月　第 1 次印刷
书　　号：ISBN 978-7-114-16789-8
定　　价：40.00 元

前　言

我国地处太平洋板块和欧亚板块交界处，是世界上地震灾害最严重的国家之一。我国占世界陆地面积7%的国土上，发生了占全球35%的7级以上地震。进入20世纪以后，全球进入地震活跃期，我国平均每5年发生一次7.5级以上地震，平均每10年发生一次8级以上地震，这些地震引起的建筑物倒塌造成了大量的人员伤亡。

钢筋混凝土框架结构在我国建筑中所占比例很大，尤其在抗震设防地区，其更是承担重要社会职能的多层公共建筑的首选结构形式。传统观点普遍认为钢筋混凝土框架结构具有较好的抗震性能，实际中却在大震极震区表现出很高的倒塌率。以汶川地震两个Ⅺ度极震区（北川县城和映秀镇）的调查结果为例，钢筋混凝土框架结构63%的倒塌率甚至比砖混结构的倒塌率高出15个百分点，且框架结构的倒塌模式基本为柱失效造成的连续塌落，几乎不留任何生存空间。老北川县城被称为“跪着的城镇”，无数同胞在汶川地震中失去了生命。底层倒塌的框架结构造就了“跪着的城镇”，而未发生倒塌的建筑物内部结构破坏严重，大多不具有修复价值，可被称为“站立的废墟”，表现为在距离汶川Ⅺ度极震区稍远的地区，框架结构表现出大量柱端出铰、薄弱层破坏、短柱破坏等主要结构构件损坏、震后无法修复的震害形式。随后发生的芦山7.0级地震中，框架结构虽然因所处地区烈度不高未见倒塌，但震害调查所见的损伤模式仍以柱端破坏为主，并未实现预期的延性框架设计理念。特大地震造成的惨痛教训促使我们对钢筋混凝土框架结构的抗倒塌能力进行了深刻反思。众多学者认为框架结构在遭遇地震时，水平地震剪力、重力以及倾覆力矩导致的动轴力作用均由框架柱承担，使得柱受力条件恶劣，极易形成塑性铰，而框架梁因楼板参与等因素导致破坏轻微，延性设计所期望的“强柱弱梁”损伤模式无法实现，最终表现为柱铰破坏屈服而倒塌。即使按规范方法增加柱设计弯矩值也很难改变这一情况，况且这种传统设计仍然难以改变框架结构单一抗震防线所造成的易损性高、冗余度及鲁棒性差等倒塌阶段特征和修复困难的问题。

本书分析了造成钢筋混凝土框架结构底层薄弱破坏模式的原因和破坏倒塌过程,并提出了经济实用、构造简单、适合工程应用的改善措施。在此基础上,对提出的改善措施的效果、抗震性能以及设计方法等问题进行全面系统的研究。全书共分为6章:第1章对钢筋混凝土框架结构的抗地震倒塌问题的研究现状进行了概要总结,总结了国内外历次地震中钢筋混凝土框架结构震害破坏特点;第2章基于历次震害中总结得出的多层钢筋混凝土框架结构的变形损伤特点,提出了一种新的结构体系——钢筋混凝土框架阶梯墙结构体系;第3章为检验提出的结构体系对钢筋混凝土框架结构抗震能力的实际改善效果,并研究该种结构类型的抗震性能和破坏模式等问题,进行了一个缩尺比为1:5的纯框架结构和一个框架阶梯墙结构模型的振动台对比试验;第4章对钢筋混凝土框架结构典型地震倒塌模式进行了试验再现;第5章进行了两个缩尺比为1:3的单层两跨的框架阶梯墙试件拟静力试验;第6章提出了基于静力弹塑性分析的阶梯墙设计方法,将该方法应用于一个钢筋混凝土框架阶梯墙结构的抗震设计实例,并对其进行了抗震性能评估。

本书为提高量大面广的普通钢筋混凝土框架结构的抗地震倒塌能力提供了一种经济实用的有效措施。由于作者水平有限以及研究本身的局限性,书中如有错误与不足之处,恳请广大读者批评指正!

作者

2020年8月

目　　录

第1章　钢筋混凝土框架结构抗震问题的研究现状及震害分析

1.1　钢筋混凝土框架结构抗地震倒塌研究的意义

我国是地震频发的国家之一,1/3 的国土面积属于Ⅶ度及Ⅶ度以上的设防烈度区[1]。现行《建筑抗震设计规范》(GB 50011—2010)虽然实行“小震不坏,中震可修,大震不倒”的三水准设防目标,但实际上结构遭遇的地震烈度完全有可能超出设计大震的烈度水平。据统计,在全球 130 多次伤亡巨大的地震灾害中,95% 以上的人员伤亡是由建筑物倒塌所致[2]。而目前我国的《建筑抗震设计规范》(GB 50011—2010)无法定量保证结构在超越设防大震水平的强震作用下的安全性。正因如此,在第五代中国地震动参数区划图[3]中,在罕遇地震之后增加了极罕遇地震的设防烈度,其编制的基本原则就是要将抗倒塌地震动参数作为编图的基准。在基于性能的地震工程中,虽要求全面地考核结构、非结构构件及内部设施的性能状态,但防止结构倒塌始终是最重要和最基本的性能目标之一。

考虑到经济条件的制约和结构重要性的不同,现阶段重要建筑应探索先进建筑抗震技术,使重要建筑在强震之后,无须或稍加修复即可恢复使用,保障社会各项功能不中断;而对于大量的一般性建筑,则不能不顾经济条件而盲目推广先进的建筑抗震技术,应追求在不增加或略微增加工程造价的前提下,通过完善结构体系和合理设计,尽量提高工程结构在超越地区设防大震水平的强震作用下的抗倒塌性能,以有效降低我国目前地震灾害中的高人员伤亡率。

在我国的几种代表性结构类型中,多层钢筋混凝土框架结构占建筑物总量的 30% 以上,尤其在抗震设防地区,其更是成为承担重要社会职能的多层公共建筑的首选结构形式。传统观点普遍认为具有优越抗震性能的钢筋混凝土框架结构,在近年来的历次地震中暴露出诸多与设计预期和传统认识不符的问题。以汶川地震中老北川县城和映秀镇两个极震区(Ⅺ度区)的调查结果[4]为例,钢筋混凝土框架结构的倒塌率(63%)比传统观点认为抗震能力较弱的砖混结构的倒塌率(48%)高出15个百分点。且钢筋混凝土框架结构的倒塌模式多为一层或几层完全倒塌,基本不留任何生存空间,而未倒塌的楼层往往破坏较轻,结构未能发挥整体损伤机制。

可以从子结构和整体结构两个层面上分析钢筋混凝土框架结构的上述倒塌模式和高倒塌率。在子结构层面上,上部各楼层的水平剪力、重力及倾覆力矩产生的附加轴力都由框架柱承担,框架柱受力条件恶劣,易形成塑性铰,即使按照规范规定的增加柱设计弯矩值也难以改变这一情形;而框架梁同时还受到楼板参与等增强作用,从而导致“强柱不强,弱梁不弱”,设计期望的“强柱弱梁”破坏模式难以实现,继而发展成为“柱铰”屈服机制,形成层倒塌模式。在整体结构层面,框架结构抗震防线单一,冗余度不足,结构抗水平侧力和承重工作构件功能不区分,框架柱在这两方面工作中均承担着至关重要的角色。在地震作用下,框架柱损伤逐步增大,其承受重力荷载的能力逐步下降,最终导致结构发生倒塌;另一方面,多层钢筋混凝土框架结构的地震反应主要由第一阶振型控制,导致地震剪力在下部楼层累积,且其剪切型变形模式也导致下部楼层的层间变形大于上部楼层,从而损伤易集中于底部楼层,难以实现各楼层均匀损伤耗能。上述因素共同导致了多层钢筋混凝土框架结构难以实现图1-1a)所示的整体型梁铰屈服机制;在强震作用下,大量形成图1-1b)所示的柱铰层屈服机制,且多发生在结构底层。

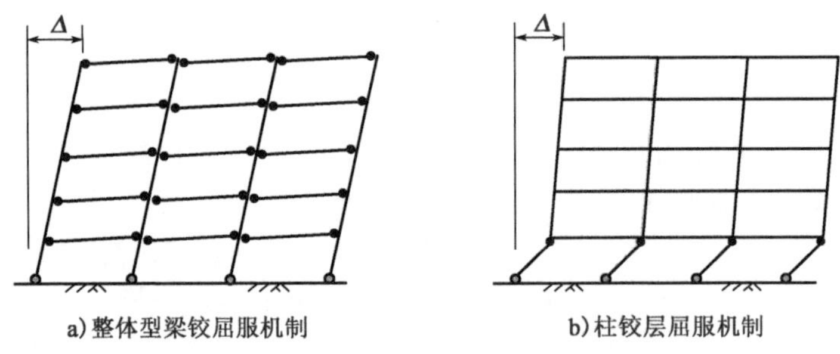

图1-1　多层钢筋混凝土框架结构地震失效机制

在与地震灾害斗争的过程中,广大地震工程工作者和结构工程师们创造性地提出了许多抗震措施(如隔震体系、消能支撑框架体系、摇摆体系等)来提高钢筋混凝土框架结构的抗地震倒塌能力,并卓有成效,但经济条件制约是我们无法逾越的现实问题。我国多层钢筋混凝土框架结构建筑数量巨大,在短时间内将上述先进的建筑抗震技术应用于每个新建和现存的钢筋混凝土框架结构,显然还不具备经济基础。但一次次的地震催促着地震工程工作者和结构工程师们尽快提出经济实用、可在量大面广的普通钢筋混凝土框架结构中广泛应用的抗震措施,以提高其抗地震倒塌能力,保障人民生命财产安全。

通过经济实用的手段来实现先进建筑抗震技术中的损伤控制思想,是达成上述目标的有效途径。摇摆体系[5]的核心思想是通过一个大刚度的整体型摇摆构件使各楼层具有近似相同的层间变形,形成整体损伤机制。消能支撑框架体系[6]则是由消能支撑抵抗水平地震力并耗散能量,从而保护主体框架,即结构抗侧力和承重分别采用独立的结构体系。基于这两种体系的损伤控制思想,本书结合多层钢筋混凝土框架结构的地震失效机理和损伤分布特点,提出一种经济实用、可在量大面广的普通多层钢筋混凝土框架结构中广泛应用的抗地震倒塌措施,即“钢筋混凝土框架阶梯墙结构体系”。该体系由在各楼层中具有不同抗侧刚度的阶梯形抗震墙与主体框架组合而成,来实现层间刚度与层间剪力在各楼层的一致性分布,从而形成各层层间变形均匀分布的整体损伤机制。体系中的阶梯墙将分担大部分水平剪力从而保护框架柱,框架柱主要起承重作用,促进了结构抗侧力与承重构件的功能分区。本书将对这一新型抗震结构体系在分析与设计过程中的一系列关键科学问题进行研究,为其推广应用奠定理论基础。该项研究对有效降低特大地震下由于数量众多的多层钢筋混凝土框架结构倒塌造成的人员伤亡和财产损失具有重大的现实指导意义。

1.2　国内外研究现状及发展动态分析

广义上的结构倒塌过程是指结构从开始损伤直至完全倒塌的全过程,这一过程的理想模式应该是一个连续稳定的分阶段渐进式的破坏过程,在每一个阶段都有相应的损伤控制机制,并能够充分发挥各构件的承载能力和变形能力,避免突发性的脆性倒塌[7]。研究结构地震倒塌问题的根本目的在于提高其抗倒塌能力,而对倒塌模式和发展过程的深刻认识是提高结构抗倒塌能力设计的基础。因此对多层钢筋混凝土框架结构地震倒塌问题的研究大致可分为地震倒塌机理和抗地震倒塌措施两方面。

1.2.1　钢筋混凝土框架结构地震倒塌机理研究

传统观点普遍认为钢筋混凝土框架结构具有较好的抗震性能。清华大学等联合震害调查组[8]对汶川地震灾区的房屋调查显示,砌体结构、砌体-框架混合结构、框架结构、框架-剪力墙(核心筒)结构、钢结构的抗震能力依次增强。但与之相反，在老北川县城和映秀镇两个极震区（Ⅺ度区），钢筋混凝土框架结构的倒塌率反而高于砌体结构[9]。Breen 等[10]在研究连续倒塌时也发现，在多种结构类型中，当遭遇偶然荷载时框架结构更易发生局部连续倒塌。钢筋混凝土框架结构传力原理、长期工程实践经验以及文献[11]基于广义结构刚度的构件重要性评价方法表明：框架柱的重要性大于梁，边柱的重要性大于中柱，下层柱的重要性大于上层柱。而实际地震荷载下，框架柱尤其是底层柱承受着整体结构自重产生的轴力以及巨大的附加弯矩和地震剪力，导致柱端大量出现塑性铰，限制了内力重分布的发展，塑性变形易集中，结构发生倒塌。

强烈地震的发生一直推动着地震工程领域的发展。震害调查是研究结构倒塌模式最直接、最全面的手段。Housner[12]报道了 1971 年 San Fernando 地震中 14 座多层钢筋混凝土结构的震害，基本均未达到濒临倒塌的程度，其中只有 Veterans Administration Hospital 接近震中，破坏最重，其底层产生较大侧移，如果不是底层存在一些抗震墙，结构可能将发生底层薄弱层倒塌。1995 年日本阪神 7.2 级地震中，钢筋混凝土框架结构的震害特点为：薄弱底层破坏非常显著，软弱中间层震害也相对突出[13]。造成中间层倒塌的原因主要有两方面：一是日本旧的建筑规范（1981 年以前版本）假定结构地震作用沿各楼层均匀分布，而非倒三角形分布，导致中间层设计剪力偏小。另外，日本当时的常见工程做法是对于 7 层以上框架房屋，其下部几层采用钢-混凝土组合结构，上部楼层采用普通钢筋混凝土结构，导致转换层处刚度突变，出现严重破坏[14]。近年来，我国发生的宁洱 6.4 级[15]、汶川 8.0 级[16]、玉树 7.1 级[17]、芦山 7.0 级[18]地震也反映出多层钢筋混凝土框架结构大量出现以“强梁弱柱”机制为根本原因的层破坏倒塌模式，并以底层失效最为常见。对这一震害现象产生的原因，众多学者展开了大量研究，其中重点对“强柱弱梁”机制难以实现的影响因素展开了广泛而系统的研究[19-20]，包含现浇楼板的影响（楼板参与宽度、厚度、板筋参与程度等）、填充墙等非结构构件的影响、梁端钢筋超配和钢筋实际强度超强、大震下结构受力状态与结构弹性受力状态存在差异、梁柱构件可靠度的差异等因素。许卫晓等[21]从多层钢筋混凝土框架结构体系的剪力分布、变形模式以及工程常见做法等方面解释了底层相比其他楼层更易成为薄弱层的原因。总体来讲，震害调查反映出多层钢筋混凝土框架结构大量出现设计所希望避免的层屈服机制，对于无竖向明显薄弱层的结构，底层往往成为倒塌起始部位。震害调查虽可以大量、直观地反映出结构的倒塌模式，但无法获得结构倒塌的发展过程。而整体结构的振动台倒塌试验和数值模拟则可用于研究结构倒塌的发展过程。

结构的地震模拟振动台倒塌试验成本较高且易对试验设备造成损坏，所以目前虽开展了大量钢筋混凝土框架结构的振动台试验,但真正达到倒塌程度的研究并不多。Elwood[22]对一个单层两跨平面框架结构进行了振动台倒塌试验,并分析了中柱失效后的内力重分布情况。Wu[23]对一个单层三跨剪切破坏型的平面框架结构进行了倒塌试验研究,模拟了框架柱发生剪切破坏至完全丧失竖向承载能力而倒塌的全过程。我国学者在这方面进行了一些空间框架结构的振动台倒塌研究,中国地震局工程力学研究所郭迅和黄思凝[4]进行了一个缩尺比为 1∶4 的以汶川地震中漩口中学为原型的整体模型倒塌试验,并基于最大位移理论建立了倒塌临界方程,倒塌过程显示底层柱端塑性较充分发育,第 2 层相对完好,由底层率先倒塌,第 2 层在冲击荷载作用下连续倒塌。中国建筑科学研究院徐培福和唐曹明[24]进行了一个双向地震动作用下缩尺比为 1∶10 的 10 层钢筋混凝土框架结构振动台倒塌试验,以揭示柔弱底层的破坏机理。同济大学顾祥林和黄庆华[25]进行了一个缩尺比为 1∶4 的三层钢筋混凝土框架结构振动台倒塌试验,结果显示模型发生了始于底层的"强梁弱柱"型倒塌。许卫晓等[26]进行了一个缩尺比为 1∶5 的以玉树地震中玉树武警支队营房为原型的整体模型倒塌试验,结果显示倒塌始于底层,在底层完全倒塌后上部各层在冲击荷载作用下依次倒塌。振动台倒塌试验虽能详细准确地反映模型的倒塌模式、发展过程等机理性问题,但变换结构参数和地震动输入的成本太高,试验样本尚未达到系统研究钢筋混凝土框架倒塌机理的要求。

采用数值模拟的研究手段则可以方便地变换结构和地震动输入参数。模型倒塌过程是一个从连续体向非连续体转变的过程。在倒塌前,模型的非线性地震反应需要被准确模拟;在倒塌过程中,又涉及接触碰撞分析、大位移、大转动以及不连续位移场的描述等问题[27]。目前实现方法主要有有限单元法、离散单元法、应用单元法[28]等。Hakuno 和 Meguro[29]最先将离散单元法应用到钢筋混凝土框架结构的倒塌分析中;顾祥林等[30]基于离散单元法开发了地震作用下钢筋混凝土框架结构空间倒塌仿真软件 Sisco-RCF,并对素混凝土柱和框架结构模型振动台倒塌试验进行了模拟。相对于离散单元法,有限单元法发展较为成熟,在非线性分析阶段准确度更高。基于材料本构的纤维模型、生死单元和网格重划分技术在钢筋混凝土框架结构的倒塌模拟方面已取得一系列成果[31]。陆新征等[32-33]对一系列多层钢筋混凝土框架和高层结构进行了倒塌模拟,研究表明随着输入地震动的不同,结构的倒塌模式会出现很大变化。另一方面,从抗倒塌设计角度来看,与结构倒塌破坏临界状态发生后的掉落、碰撞状态相比,结构倒塌临界状态时结构各构件的损伤程度和分布是抗倒塌设计的依据,也是抗倒塌设计更为关注的问题。Haselto[34]采用集中塑性铰梁柱单元[35]进行了 30 个框架结构在34条地震记录下的IDA(Incremental Dynamic Analysis,逐步增量时程分析)分析,对结构不同倒塌模式和发生概率进行了详细分析,结果表明对于四层钢筋混凝土框架结构,随着强柱弱梁系数达到2.0以上,结构倒塌模式从底层柱铰倒塌模式变为整体型梁铰倒塌模式,而对十二层框架结构的分析表明随着强柱弱梁系数的增大,结构的抗倒塌能力提高,而且即使系数达到3.0,这种能力的提高仍未达到饱和。

总体来看,基于不同研究手段的钢筋混凝土框架结构地震倒塌机理研究已取得一些阶段性成果,可以用来指导钢筋混凝土框架结构的抗地震倒塌设计。在强震作用下,由于钢筋混凝土框架结构框架柱承受着柱端弯矩和上部楼层累积下来的巨大轴力和剪力,易出现破坏,进一步形成层屈服机制,难以实现整体损伤模式。对于无竖向明显薄弱层的规则钢筋混凝土框架结构,底层往往是潜在薄弱层部位。如能改善框架柱的受力情况并实现各层损伤均匀分布,无疑可显著提高钢筋混凝土框架结构的抗倒塌能力。

1.2.2 钢筋混凝土框架结构抗地震倒塌措施研究

经济合理地提高结构的抗地震倒塌能力是研究结构地震倒塌问题的根本目的,其实现方式可以分为两种:一是通过更加合理的结构设计,完善结构体系自身的抗震性能;二是通过附加其他子结构改变原结构体系,形成更加合理的新型抗震结构体系。

在完善结构自身体系方面,可通过内力重分布使得尽可能多的构件参与耗能,保证“强柱弱梁”屈服机制的实现,从而提高框架结构的抗地震倒塌能力。为实现“强柱弱梁”屈服机制,各国规范的设计思路大多采用“柱端弯矩放大系数”的方法,只是在计算梁端设计弯矩时,对楼板的考虑有所不同:一种是不考虑梁板耦合作用,按矩形截面计算梁端设计弯矩,通过增大柱端弯矩放大系数的取值来间接考虑楼板的影响,如中国规范[36]和欧洲规范[37];另一种是考虑一定有效宽度楼板的影响,按T形截面计算梁端设计弯矩,如美国[38]和新西兰规范[39]。在汶川地震之后,我国《建筑抗震设计规范》(GB 50011—2010)对该系数进行了一定的上调。而Dooley等[40]的研究表明按实配钢筋计算的柱端弯矩放大系数需达到2.0以上,才具有一定的保证率实现“强柱弱梁”机制,如果遭遇超大震水准的强烈地震,则这一系数可能需要更大。由于保证所有节点均满足“强柱弱梁”的条件既不经济也不现实,文献[41]提出部分柱铰屈服机制,即在遭遇强震时允许中柱的柱端屈服,而对边柱的强度要求更高,避免形成层屈服机制。此外,在结构体系内部实现抗侧工作和承重工作的构件功能分区也可提高结构的抗地震倒塌能力。新西兰规范[39]将钢筋混凝土框架结构的边榀框架设计得具有足够的刚度和强度以承受绝大部分水平地震作用,通过刚度较低的中间榀框架来承受绝大多数竖向重力作用。美国抗震规范[38]也建议采用并联结构体系,即结构抗侧力和承重工作分别采用独立的结构体系,这样当结构遭遇强烈地震作用时,即使抗侧力体系失效了,承重体系也不缺失,仍能保证结构不发生倒塌。

实现并联结构体系,需要对纯框架结构附加一个刚度较大的抗侧力体系,像框架剪力墙结构体系、支撑框架结构体系、摇摆墙框架结构体系就是这样的并联结构体系。但框架剪力墙结构体系一般应用于十层以上结构,多层结构极少采用。支撑框架结构体系中,有的利用钢材的塑性变形耗散能量、有的利用黏性或黏弹性材料来耗散能量,由于斜撑屈服耗能时对应的层间位移角很小,从而起到保护承重体系(主体框架)的作用,并能抵抗结构的层间变形[6]。摇摆墙框架结构体系由刚度较大的摇摆子结构与主体框架结构连接,实现整体破坏模式,其中摇摆子结构与主体结构相连的部位可以作为大震预期破坏部位,并可在这些位置设置耗能装置[5]。除此之外,另一种卓越的损伤控制手段就是采用隔震的方法,将变形几乎全部集中于隔震层,并利用隔震层变形集中的特点,在隔震层设置耗能装置以提高结构的耗能能力[42]。众多学者针对上述损伤控制措施进行了大量科学研究,并已付诸工程实践,其中很多结构已经历了实际强震的检验,比如采用铅芯橡胶隔震支座的芦山县人民医院经历了 7.0 级芦山地震的检验[43]、采用摇摆墙加固的日本东京工业大学 G3 教学楼经历了 9.0 级东日本大地震的检验[44]等。

值得注意和反思的是,在汶川地震中遭到破坏的建筑中没有任何一个采用了隔震体系、支撑体系、摇摆墙体系等先进的现代建筑抗震技术。究其原因在于经济条件的限制,因此发展经济实用、适合在大量普通建筑中广泛应用的抗倒塌技术已十分迫切。在这方面的研究中,针对简易基础隔震技术的研究相对较多。中国地震局工程力学研究所李立研究员[45]早在 20 世纪 50 年代末就提出了建筑结构基础隔震技术,在探索了若干方法后最终选取了造价最低的砂垫层隔震,并于 1981 年在北京中关村建成一座采用该技术的四层砖混结构房屋。我国学者还对工程塑料板橡胶隔震支座、钢筋-沥青复合隔震、玻璃丝布板-石墨粉-玻璃丝布板复合隔震、隔震砖等简易隔震技术进行了研究[46]。2006 年,日本学者[47]在E-Defense进行了比较非固结基础与固结基础对上部结构损伤影响的三层钢筋混凝土结构教学楼足尺模型的振动台对比试验。其中非固结基础的实现方式为浇筑两层混凝土基础,保证下层基础的顶面尽可能平整,在下层基础混凝土完全硬化后直接在下层基础顶面浇筑上层基础板。试验表明在 PGA❶ =0.8g❷ 的 JMA Kobe 波激励下,固结基础结构首层发生严重破坏,最大层间位移角达到 1/20;非固结基础结构最大层间位移角仅为 1/250,结构轻微破坏。上述研究均是针对简易隔震技术,而在简易并联结构体系方面的研究相对较少。杨玉成等[48]进行了钢筋混凝土斜撑框架体系的振动台试验研究,并在天津市程林庄住宅进行了应用,但无法解决钢筋混凝土斜撑在地震作用下早早就开裂的问题。许卫晓等[49]为解决汶川、玉树等地震中大量钢筋混凝土框架结构底层坍塌的问题,进行了附加阶梯形抗震墙的钢筋混凝土框架结构与纯钢筋混凝土框架结构的振动台对比试验,模型制作中阶梯墙与主体框架同时浇筑,意味着阶梯墙同时承受一部分重力荷载。试验结果表明附加阶梯墙后,框架柱损伤明显小于纯框架结构,结构层间变形得到限制,各楼层层间变形更趋一致,底层破坏集中现象得到有效抑制。

近年来,一次次的破坏性地震一直在催促着结构抗地震倒塌能力的提高。国内外众多研究已表明通过附加子结构改变原结构体系的做法比仅仅在原结构体系内的完善更为有效,但相关研究多关注较为先进的建筑抗震技术,经济实用的抗地震倒塌措施研究相对匮乏和迫切。

1.3 国内外历次地震中钢筋混凝土框架结构震害分析

国内外历次破坏性地震在造成巨大灾害的同时,也显现出建筑结构抗震方面的许多问题。认真全面地总结并吸取地震灾害尤其是工程结构震害的经验教训,对进一步提高工程结构的抗震能力、减少地震时人员伤亡和财产损失具有十分重要的意义。本节对近年来发生的几次破坏性地震中钢筋混凝土框架结构的典型破坏现象进行了整理和分析,通过不同程度的实际震害案例来分析总结钢筋混凝土框架结构的典型破坏模式、破坏过程和原因。

1.3.1 汶川地震

2008 年 5 月 12 日四川汶川发生 8.0 级特大地震,震区绝大多数钢筋混凝土框架结构均经过正规抗震设计。Ⅵ度区中,钢筋混凝土框架结构承重构件保持完好,个别填充墙出现细微裂缝或填充墙与梁柱结合处开裂,裂缝多出现在底层。Ⅶ度区中,绝大多数结构承重构件保持完好,极个别施工质量差或地震作用

❶PGA 即 Peak Ground Acceleration,地面运动峰值加速度。

❷本书以 g 代表重力加速度。

下受力条件恶劣的柱产生破坏,个别填充墙开裂明显,甚至有局部脱落现象,且破坏多集中在底层,如图 1-2 所示。

Ⅷ度区中,大多数结构承重构件保持完好,个别施工质量差或地震作用下受力条件恶劣的柱或梁出现破坏,多数填充墙出现裂缝,少数 X 形大裂缝贯通或局部脱落。Ⅸ度区中,部分结构承重构件保持基本完好或出现细微裂缝,少数框架结构底层严重破坏(图 1-3),其中个别施工质量较差的房屋倒塌(图 1-4)。大部分结构的填充墙开裂,X 形裂缝贯通或脱落。

图 1-2　Ⅶ度区框架柱及填充墙破坏(绵阳)

图 1-3　Ⅸ度区框架结构底层破坏(都江堰)

图 1-4　Ⅸ度区框架结构底部两层倒塌(都江堰)

Ⅹ度区中,部分框架结构倒塌或破坏严重,如图 1-5 所示。Ⅺ度区中,框架结构遭受重创,大部分结构倒塌或濒临倒塌,如图 1-6、图 1-7 所示。

a)结构外观

b)底层柱铰承载力几近丧失

图 1-5　濒临倒塌的框架结构(红白镇)

图 1-6　北川大酒店底部两层完全坍塌

图 1-7　北川县建设和环境保护局底部五层完全坍塌

汶川地震震中烈度高达Ⅺ度，Ⅵ度区以上面积多达 23 万 km^2，造成了数量巨大的框架结构震害案例。总结上述Ⅵ～Ⅺ度区框架结构的震害特征，发现其典型破坏模式为下重上轻、底部薄弱、破坏与倒塌均起始于底层。在国内外的其他多次地震中，规则钢筋混凝土框架结构也大都表现为该种破坏模式。

1.3.2　玉树地震

2010 年 4 月 14 日青海玉树发生 7.1 级地震。玉树武警支队二中队营房位于Ⅸ度区，为四层钢筋混凝土框架结构，于 2009 年设计。主要横向柱距为 5.7m、7.8m，主要纵向柱距为 7.2m、3.6m；房屋总长度 50.4m，总宽度 13.5m，建筑面积约为 $2700m^2$，层高均为 3.6m。设防类别为丙类，设防烈度为Ⅶ度，设计基本地震加速度值为 0.15g，设计使用年限为 50 年。玉树地震后，结构底层柱端混凝土压碎，钢筋屈曲，填充墙基本完全破坏，并产生较大层间侧移，濒临倒塌。由于底层的严重破坏消耗了大量地震能量，上部 3 层破坏较为轻微。结构呈现出典型的底部薄弱的层屈服机制，破坏情况见图 1-8。

结古镇处于地震烈度Ⅸ度区，远超其设防烈度（Ⅶ度），房屋破坏较为严重。图 1-9 为结古镇一建于池塘边的三层框架结构，底层完全坍塌，第 2 层也出现严重破坏。

1.3.3　芦山地震

2013 年 4 月 20 日芦山县发生 7.0 级地震，各台站获得的地震记录高频成分非常显著，反应谱中低频段衰减迅速。芦山县飞仙台采集到的地震动加速度峰值为东西向 $0.382m^2/s$，南北向 $0.357m^2/s$，图 1-10 为其 5% 阻尼比的弹性反应谱。由于芦山地震频谱特性的因素，震区框架结构破坏普遍并不严重，梁、柱构件基本都能保持完好，个别开裂。破坏主要体现在非结构构件上，尤其是填充墙

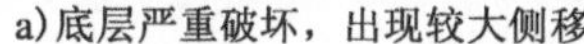
a)底层严重破坏，出现较大侧移

b)底层柱端破坏

图 1-8　玉树武警支队二中队营房底层严重破坏

a)底层完全倒塌

b)第2层严重破坏，几近倒塌

图 1-9　结古镇某三层框架结构

和吊顶的破坏。其中绝大多数框架结构底层非结构构件破坏明显严重于上部各层。

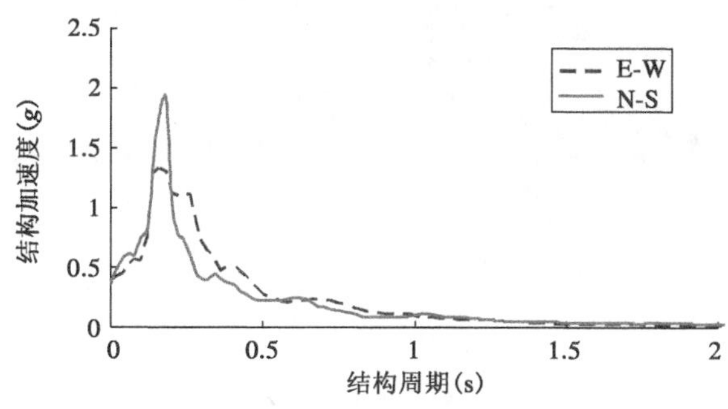

图 1-10　芦山县飞仙台采集到的地震动弹性反应谱

芦山县人民医院老门诊楼位于Ⅷ度区，为四层钢筋混凝土框架结构，于2003年设计，2009年1月竣工并投入使用。主要横向柱距为4.8m、7.5m，主要纵向柱距为3.0m、3.6m、4.5m；房屋总长度60.32m，总宽度20.2m，建筑面积约为4500m^2，层高均为3.6m。设防类别为丙类，设防烈度为Ⅶ度，设计基本地震加速度值为0.15g，设计使用年限为50年。芦山地震后，底层个别梁、柱构件出现细微水平和斜向裂缝，第2～4层梁、柱构件均保持完好。由于结构采用强度极低的薄壁空心砌块作为填充墙砌筑材料，底层填充墙出现非常严重的破坏，个别墙体发生坍塌。第2层填充墙多数出现水平或斜向裂缝，与底层严重的破坏程度相比，要轻微得多。第3、4层填充墙基本保持完好，个别出现细微裂缝。结构破坏见图1-11。老门诊楼对面的住院楼为五层框架结构，其破坏模式和破坏程度与老门诊楼非常相近。

a）底层填充墙外观可见破坏

b）底层填充墙严重破坏，局部倒塌

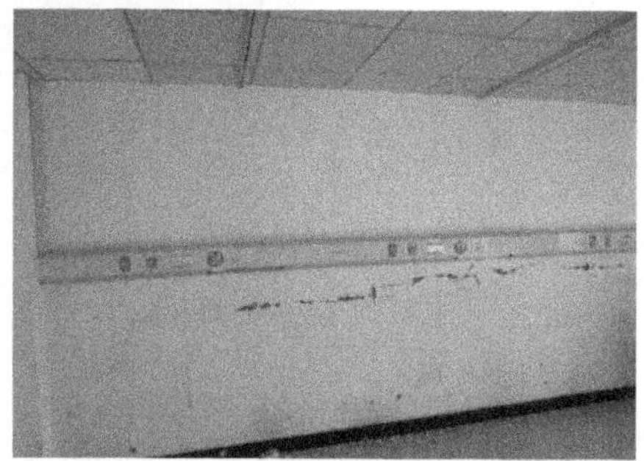

c）第2层填充墙水平裂缝

图1-11 芦山县人民医院老门诊楼填充墙破坏

芦山县思延乡卫生院位于Ⅷ度区，为主体两层、局部三层的框架结构。2008年汶川地震后，由中国红十字会援建。结构承重构件梁、柱未发生可见破坏，但底层填充墙出现严重破坏，局部倒塌；第2层填充墙亦出现较多裂缝，但与底层相比轻微许多，如图1-12所示。

a）结构外观

b）底层填充墙严重破坏

c）第2层填充墙水平裂缝

图 1-12　芦山县思延乡卫生院

1.3.4　其他地震

在国内外的其他地震中，规则钢筋混凝土框架结构的震害也基本上表现为下重上轻、底部薄弱的破坏模式。图 1-13 为 2007 年宁洱 6.4 级地震中宁洱县新平小学底层柱端破坏；图 1-14 为 1989 年美国 Loma Prieta 地震中底层坍塌的框架结构；图 1-15 为 1999 年台湾集集地震中底层跪倒的框架结构；图 1-16 为 1995 年日本阪神地震中底层完全坍塌的框架结构。

图 1-13　宁洱 6.4 级地震

图 1-14　美国 Loma Prieta 地震

图 1-15 集集地震

图 1-16 日本阪神地震

1.4 框架结构典型破坏模式——底部薄弱的层屈服机制形成机理分析

框架结构下重上轻、底部薄弱的破坏模式,在强震作用下往往会导致上部各层的连续坍塌,危害极大,如北川大酒店底部两层完全坍塌(图 1-6)和北川县建设和环境保护局底部五层完全坍塌(图 1-7)。而即使未造成上部各层的连续坍塌,底层发生极严重破坏或仅底层倒塌的结构在地震后也难以进行修复,只能拆除重建,如图 1-8 玉树武警支队二中队营房底层严重破坏和图 1-14 美国 Loma Prieta 地震中底层完全坍塌的框架结构。

通过对上述几组框架结构的震害分析,可基本推断框架结构底部薄弱的层屈服机制的形成过程:底层填充墙作为整个结构的第一道抗震防线,在地震作用下率先开裂,消耗地震能量;底层填充墙的开裂使得底层层间刚度显著降低,形成薄弱层,柱端出现塑性铰,底层产生较大侧移;与此同时,上部各层的填充墙也发生不同程度的破坏;在强烈地震作用下,底层层间侧移进一步加大,发生倒塌;由于底层的倒塌,很可能会导致上部几层的连续倒塌,最终形成框架结构底层或底部几层严重破坏或倒塌的层屈服机制。

形成上述破坏模式的原因主要有三点:一是框架结构主要呈现出剪切型变形,越往底层,层间变形越大;二是由于惯性力从上向下传递,导致底层地震剪力最大;另外由于使用功能的要求,框架结构底层的层高往往比其他层大些,而且填充墙较少,造成底层空旷,刚度降低,更加加大了底层成为薄弱层的可能。以一个四层典型框架结构为例,上述原因可形象地表现为图 1-17。假设地震力呈倒三角形分布,除底层外各层刚度相同,均为 k,考虑到由于使用功能要求导致的底层刚度降低,设底层刚度为 $k-\Delta k$,则:

$$d_4 = F_4/k_4 = 4V/(10k) \tag{1-1}$$

$$d_3 = (F_3 + F_4)/k_3 = 7V/(10k) \tag{1-2}$$

$$d_2 = (F_2 + F_3 + F_4)/k_2 = 9V/(10k) \tag{1-3}$$

$$d_1 = (F_1 + F_2 + F_3 + F_4)/k_1 = V/(k - \Delta k) \tag{1-4}$$

式中：$d_1 \sim d_4$——分别为各层层间位移，mm；

$F_1 \sim F_4$——分别为各层地震力，kN；

V——地震总剪力，kN。

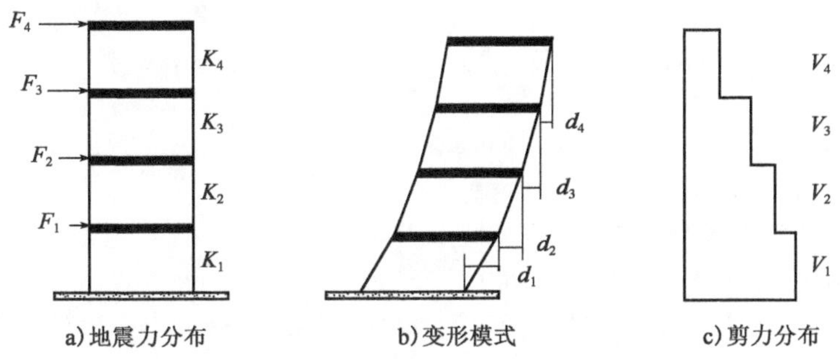

图 1-17　四层典型框架结构在地震作用下的变形情况

从上述方程可见，底层层间变形最大，一旦底层率先出现损伤，将会成为耗能的主要部位，使底层发生更大的塑性变形，形成底层薄弱的层屈服机制。

除此之外，在地震现场还有一个值得关注的问题，就是在极高烈度区，理论上抗震性能较好的框架结构的倒塌率甚至高于砖混结构。造成框架结构发生倒塌的原因有很多，其中一个很重要的原因是其抗震裕度不足。在地震作用下，结构侧移增大，当某一或某几个构件损伤过大退出工作后，其他构件无法消化由失效构件之前承担的那部分荷载作用，使得结构的破坏产生了连锁反应，引起了框架结构的底层倒塌，甚至是底部几层的连续倒塌。这也是在地震现场为何难以发现框架主体结构的局部倒塌，基本都是整层倒塌的原因。

1.5　本章小结

本章对国内外多次地震中钢筋混凝土框架结构的震害现象进行了整理分析，发现其一个典型的破坏模式就是下重上轻，底层薄弱，破坏与倒塌均起始于底层。初步分析并给出了钢筋混凝土框架结构底部薄弱的层屈服机制震害现象的破坏过程和产生原因，为下一章提出相应的改善措施奠定了基础。

本章参考文献

[1] 中华人民共和国国家质量监督检验检疫总局. 中国地震动参数区划图：GB 18306—2015[S]. 北京：中国标准出版社，2001.

[2] 陈鲲，高孟潭. 中国大陆地区一般建设工程抗地震倒塌风险研究[J]. 建筑结构学报，2015，36(1)：23-29.

[3] 中国地震动参数区划图(征求意见稿)[Z]. 北京：国家质量监督检验检疫总局，2012.

[4] 黄思凝. 外廊式RC框架地震破坏及倒塌机理研究[D]. 哈尔滨：中国地震局工程力学研究所，2012.

[5] QU Z, WADA A, MOTOYUI S, et al. Pin-supported walls for enhancing the seismic performance of building structures[J]. Earthquake Engineering and Structural Dynamics, 2012, 41(14): 2075-2091.

[6] Atlayan O, Charney F A. Hybrid buckling-restrained braced frames[J]. Journal of Constructional Steel Research, 2014, 96: 95-105.

[7] 叶列平，曲哲，陆新征，等. 建筑结构的抗倒塌能力——汶川地震建筑震害的教训[J]. 建筑结构学报，2008，29(4)：42-50.

[8] 清华大学，西南交通大学，重庆大学，等. 汶川地震建筑震害分析及设计对策[M]. 北京：中国建筑工业出版社，2009.

[9] 孙景江，马强，石宏彬，等. 汶川地震高烈度区城镇房屋震害简介[J]. 地震工程与工程振动，2008，28(3)：7-15.

[10] BREEN J E. Research workshop on progressive collapse of building structures[R]. Washington, D. C.: National Bureau of Standards, 1975.

[11] 叶列平，林旭川，曲哲，等. 基于广义结构刚度的构件重要性评价方法[J]. 建筑科学与工程学报，2010，27(1)：1-7.

[12] HOUSNER G W, JENNINGS P C. Earthquake design criteria[R]. Berkeley, California: Earthquake Engineering Research Institute, 1982.

[13] PARK R. Improving the resistance of structures to earthquakes[R]. University of Canterbury, 2000.

[14] 郭子雄. 关于日本阪神地震震害现象的几点讨论[J]. 华侨大学学报，1996，17(2)：157-161.

[15] 戴君武，苗崇刚，安晓文，等. 宁洱6.4级地震城市工程震害调查[J]. 地震工程与工程振动，2007，27(6)：51-57.

[16] LU X Z, YE LP, MA Y H, et al. Lessons from the collapse of typical RC frames in Xuankou School during the great Wenchuan Earthquake[J]. Advances in Structural Engineering, 2012, 15(1): 139-153.

[17] 白国良，薛冯，徐亚洲. 青海玉树地震村镇建筑震害分析及减灾措施[J]. 西安建筑科

技大学学报(自然科学版),2011,43(3):309-315.

[18] 公茂盛,杨永强,谢礼立. 芦山 7.0 级地震中钢筋混凝土框架结构震害分析[J]. 地震工程与工程振动,2013,33(3):20-26.

[19] MASI A, SANTARSIERO G, LIGNOLA GP,et al. Study of the seismic behavior of external RC beam-column joints through experimental tests and numerical simulations[J]. Engineering Structures, 2013, 52: 207-219.

[20] NING N, QU Wenjun , ZHU Peng. Role of cast-in-situ slabs in RC Frames under low frequency cyclic load[J]. Engineering Structures, 2014, 59:28-38.

[21] 许卫晓,孙景江,杨伟松,等. 框架结构底层薄弱震害分析和改进措施研究[J]. 地震工程与工程振动,2013,33(5):138-144.

[22] ELWOOD J K. Shake table tests and analytical studies on the gravity load collapse of reinforced concrete frames [D]. Berkeley, CA: University of California, Berkeley, 2002: 118-171.

[23] WU C L, KUO W W, YANG S J, et al. Collapse of a nonductile concrete frame: shaking table tests[J]. Earthquake Engineering & Structural Dynamics, 2009, 38(2):205-224.

[24] 唐曹明. 钢筋混凝土框架结构层刚度比限制方法研究[D]. 北京:中国建筑科学研究院,2009.

[25] 黄庆华. 地震作用下钢筋混凝土框架结构空间倒塌反应分析[D]. 上海:同济大学,2006.

[26] XU Weixiao, SUN Jingjiang, YANG Weisong,et al. Shaking table comparison test and associate study of stepped wall-frame structure[J]. Earthquake Engineering and Earthquake Vibration, 2014, 13(3): 471-485.

[27] 张雷明,刘西拉. 钢筋混凝土结构倒塌分析的前沿研究[J]. 地震工程与工程振动. 2003,23(3):47-52.

[28] MEGURO K, TAGEL-DIN H S. Applied element method used for large displacement structural analysis[J]. Journal of Natural Disaster Science, 2002, 24(1): 25-34.

[29] HAKUNO M, MEGURO K. Simulation of concrete-frame collapse due to dynamic loading [J]. Journal of Engineering Mechanics, 1993, 119(9): 1709-1723.

[30] 顾祥林,黄庆华,汪小林,等. 地震中钢筋混凝土框架结构倒塌反应的试验研究与数值仿真[J]. 土木工程学报,2012,45(9):36-45.

[31] TAUCER F F, SPACONE E, FILIPPOU F C. A fiber beam- column element for seismic response analysis of reinforced concrete structure [R]. Earthquake Engineering Research Center, University of California, Berkeley, 1991.

[32] LU Xiao, LU Xinzheng, GUAN Hong, et al. Collapse simulation of reinforced concrete high-rise building induced by extreme earthquakes [J]. Earthquake Engineering & Structural Dynamics, 2013, 42: 705-723.

[33] LI Y, LU X Z, GUAN H, et al. An energy-based assessment on dynamic amplification factor for linear static analysis in progressive collapse design of ductile RC frame structures[J]. Advances in Structural Engineering, 2014, 17(8): 1217-1225.

[34] HASELTON C B, DEIERLEIN G G. Assessing seismic collapse safety of modern reinforced concrete moment-frame buildings[R]. Earthquake Engineering Research Center, University of California, Berkeley, 2007.

[35] IBARRA L F, MEDINA R A, KRAWINKLER H. Hysteretic models that incorporate strength and stiffness deterioration[J]. Earthquake Engineering & Structural Dynamics, 2005, 34: 1489-1511.

[36] 中华人民共和国住房和城乡建设部. 建筑抗震设计规范: GB 50011—2010[S]. 北京: 中国建筑工业出版社, 2010.

[37] Eurocode 8: Design Provisions for Earthquake Resistance of Structure[S]. ENV1998-1, CEN, Brussels, 1994.

[38] Building code requirements for structural concrete (ACI 318-08) and commentary (ACI 318R-02)[S]. ACI Committee 318, 2002.

[39] Standards New Zealand. General structural design and design loadings for buildings[S]. 1992.

[40] DOOLEY K L, BRACCI J M. Seismic evaluation of column-to-beam strength ratios in reinforced concrete frames[J]. ACI Structural Journal, 2001, 98(6): 843-851.

[41] 徐培蓁, 牟犇. 框架结构局部柱铰整体屈服机制的控制[J]. 建筑结构学报, 2014, 35(9): 35-39.

[42] 周福霖. 工程结构减震控制[M]. 北京: 地震出版社, 1997.

[43] 王玉梅, 熊立红, 许卫晓. 芦山7.0级地震医疗建筑震害与启示[J]. 地震工程与工程振动, 2013, 33(4): 44-53.

[44] QU Z, SAKATA H, MIDORIKAWA S, et al. Lessons from the behavior of a monitored eleven story building during the 2011 Tohoku Earthquake for robustness against design uncertainties[J]. Earthquake Spectra, 2015, 31(3).

[45] 李立. 隔震与减震技术[M]. 北京: 地震出版社, 1989.

[46] 周中一. 村镇砌体结构新型抗震与隔震技术研究[D]. 北京工业大学, 2012.

[47] KABEYASAWA T, MATSUMORI T, KABEYASAWA T, et al. Plan of 3-D dynamic collapse tests on three-story reinforced concrete buildings with flexible foundation[C]. Proceedings of Sessions of the 2007 Structures Congress, Long Beach, California, USA, 2007.

[48] 杨玉成, 黄浩华, 孙景江, 等. 七层钢筋混凝土异型柱支撑框架结构模型振动台试验研究[J]. 地震工程与工程振动, 1995, 15(1): 53-66.

[49] 许卫晓, 孙景江, 杜轲, 等. 框架阶梯墙结构振动台对比试验研究[J]. 土木工程学报, 2014, 47(2): 62-70.

第2章　钢筋混凝土框架阶梯墙结构体系

2.1　引言

基础隔震是通过在基础顶面和结构底部之间设置某种隔震装置而形成的结构体系。建筑结构在强烈地震作用下,不可避免地要遭受到一定程度的损伤。我国《建筑抗震设计规范》(GB 50011—2010)第3.5.3条文说明中指出:“在抗震设计中有意识、有目的地控制薄弱层(部位),使之有足够的变形能力又不使薄弱层发生转移,这是提高结构总体抗震性能的有效手段。”这句话包括两层含义:一是合理控制结构损伤部位,二是控制预期损伤部位的损伤程度。钢筋混凝土框架结构中的“强柱弱梁”就是期望损伤部位出现在梁端而不是柱端,“强剪弱弯”则是希望损伤部位出现延性的弯曲破坏,避免脆性的剪切破坏从而提高损伤部位的变形和耗能能力。在结构工程师与地震灾害的斗争过程中,结构体系的发展也越来越趋向于具有明确易控的损伤机制。对于钢筋混凝土框架结构而言,使得损伤集中于某层以保护其他楼层免受破坏或者使损伤均匀分布在各楼层是两种最为直观的损伤机制,前者就是隔震体系的基本出发点。而支撑框架结构和摇摆墙框架结构的设计理念是希望损伤能够均匀分布在各楼层安置的耗能支撑或其他阻尼器上[1]。本章将首先总结隔震结构、支撑框架结构、摇摆墙框架结构三种常见损伤机制控制措施的损伤控制原理,然后基于多层钢筋混凝土框架结构自身的变形损伤特点,提出了一种新的结构体系——钢筋混凝土框架阶梯墙结构体系,并通过pushover分析和IDA分析论证其可行性和优越性。

2.2　钢筋混凝土框架结构损伤机制控制措施

2.2.1　隔震结构体系

隔震结构体系是通过在基础顶面和结构底部之间设置某种隔震装置而形成的结构体系,包括上部结构、下部结构和隔震装置三部分。其具有非常明确的预期损伤分布模式,即结构变形和损伤主要集中在由隔震支座和阻尼器组成的隔震层中。为实现其预定隔震效果,隔震装置一般来讲需要具备以下四个基本特性[2]:

①应具有较大的竖向承载能力,能够安全地支撑着上部结构,并具有较大的竖向承载力安全储备系数。

②应具有可变的水平刚度特性。在较小的侧向力作用下,应具备足够的抗侧刚度 K_1,使得上部结构不出现较大位移,满足满足正常使用要求;在大震作用下,应具备较低的抗侧刚度 K_2,使上部结构发生较大位移的水平滑动,从而把地震作用隔离开来,大大降低上部结构的加速度反应。

③应具有自复位功能,使得在地震后,结构变形可以自动恢复至正常使用状态。

④应具有阻尼消能特性,以消耗地震能量,减少上部结构的损伤。

具备了上述四个基本特性,隔震体系就具有了明显的减震能力。由于隔震装置的水平刚度远低于上部结构的抗侧刚度,使得地震作用下上部结构的变形模式由普通结构的“放大晃动型”转变为“整体平动型”(图 2-1)。

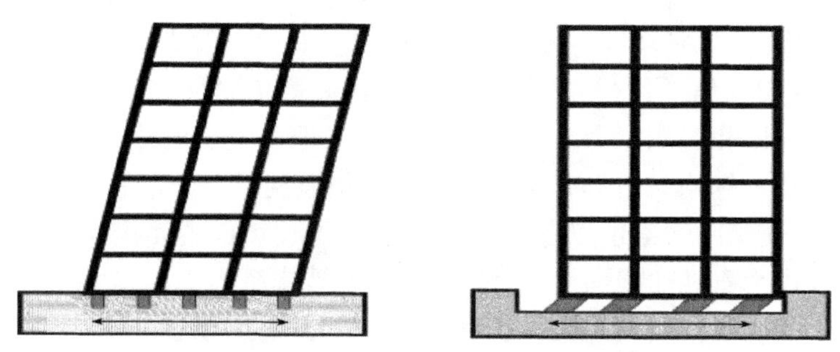

图 2-1 传统结构与隔震结构在地震作用下位移反应对比

自从 20 世纪 70 年代现代隔震技术开始应用于建筑结构以来,已有不少隔震结构经历了实际地震的检验,其优异的表现也证明了基础隔震措施的可行性。1995 年日本阪神地震中,由松村组技术研究所建造的神户市北部一栋三层隔震房屋(距离震中 35km)首次记录到日本隔震建筑的实测加速度反应记录。该建筑基底设置了 8 只高阻尼基层橡胶隔震支座,首层记录到的加速度峰值为 $0.145m^2/s$,顶层加速度峰值为 $0.198m^2/s$,基本没有放大效应,房屋完好无损。相邻一座未设置隔震装置的三层房屋,底层记录到的加速度峰值为 $0.272m^2/s$,顶层记录到的加速度峰值为 $0.965m^2/s$,被放大了近 3 倍,房屋出现轻微破坏[3-4]。2004 年日本新潟县中越地震中一栋五层钢筋混凝土框架隔震结构基础上记录到的加速度峰值为 0. 8077m^2/s，而该结构首层的加速度峰值仅为 0. 2052m^2/s，隔震效果非常明显[5]。2013 年 4 月 20 日，四川芦山发生 7.0 级地震，芦山县人民医院新门诊楼（图 2-2）成为我国第一栋经历实际高烈度地震检验的现代隔震建筑。该建筑于 2010 年设计，2012 年竣工投入使用，为局部地下一层、地上六层的钢筋混凝土框架结构房屋，总长度 67.4m，总宽度 19.5m，总高度 23.85m，该建筑在每根框架柱底部 －0.915m 高程处设置橡胶隔震支座，共计 79 个。经历芦山地震后，上部结构基本保持完好，仪器设备也未出现损坏，保证了其在地震应急期内的使用功能要求，在抗震救灾过程中发挥了巨大作用。唯一遗憾的地方是，建筑施工过程中将结构与周围地面做了刚性连接，限制了隔震层的侧向位移，结果地震中结构周围地面全被撞裂，见图 2-2b）。而与之相邻的老门诊楼和住院楼均为四层钢筋混凝土框架结构房屋，在地震中非结构构件发生大量破坏，仪器设备基本损毁，完全丧失了使用功能，见图 2-3。

a）上部结构基本完好

b）结构周围地面被撞裂

图 2-2　芦山县人民医院新门诊楼

a）结构外观

b）吊顶和填充墙严重破坏，丧失使用功能

图 2-3　芦山县人民医院老门诊楼

2.2.2 支撑框架结构体系

斜向支撑是一种高效的抗侧力构件。由于普通钢支撑在往复荷载作用下容易出现强度退化严重、整体失稳等问题,近年来,防屈曲支撑(Buckling Restrained Brace,简称 BRB)的研究和应用获得了迅速的发展。防屈曲支撑主要分为无黏结杆状支撑和无黏结支撑墙板两类[6-7]。无黏结杆状支撑是在芯部的钢支撑外包钢管,在两者之间有时会填充一些砂浆或钢筋混凝土等约束构件。在芯部的钢支撑与约束构件之间需要留有一定的间隙。这样既可以允许受压支撑发生横向变形,减轻对外包构件的挤胀影响;又可以使外包构件能够有效防止芯部钢支撑的失稳[8]。而在制作无黏结支撑墙板时,需要在内藏钢支撑表面涂抹抗黏结材料,同样也需要在钢支撑和外包墙板之间留有一定的间隙。此外,为避免地震作用下结构发生层间变形挤压墙板,通常在墙板的两侧和上部与框架主体结构也留有一定的间隙,仅下边缘与楼板整体浇筑[9]。

对防屈曲支撑框架结构而言,楼层剪力主要通过防屈曲支撑以轴力的形式进行传递。当外包构件具有足够的侧向约束强度和刚度,那么芯部钢支撑受压失稳时,就可以以多波失稳的形式来承受压力,直至受压屈服。由于外包构件和芯部钢支撑之间的间隙很小,所以芯部钢支撑的失稳波幅也很小,由于微弯引起的弯曲应力也很小,基本仍可认为处于轴心受压状态[10]。

自 1995 年日本神户地震后,防屈曲支撑框架结构形式在日本开始被广泛应用。从 1994 年北岭地震后,这类结构形式在美国也逐渐被接受。在日本工程界,防屈曲支撑被用作阻尼器,基于损伤控制的设计理念,主体结构在地震中保持弹性状态,仅通过阻尼来耗散地震能量。在中等强度地震下,防屈曲支撑损伤程度不大,无须更换或维修;在强烈地震作用下,仅需在震后对防屈曲支撑进行更换。可见,防屈曲支撑框架结构体系的损伤机制同样非常明确,即在大震作用下,通过防屈曲支撑进行耗能,降低结构地震响应,在正常使用阶段并非必需的构件。

2.2.3 摇摆墙框架结构体系

摇摆墙是一种具有特殊构造的墙体,它在底部与基础铰接,因此具有一定的转动能力[11-12]。将普通钢筋混凝土框架结构附加上摇摆墙子结构后,通过贯穿结构全高或大部分楼层的具有足够刚度和承载力的摇摆墙,能够有效控制结构在地震作用下的侧向变形模式,使得损伤在各楼层间能够均匀分布,如图 2-4 所示。

此外,如果在摇摆墙与主体结构之间安装阻尼器,可以进一步增加结构耗能能力,降低结构地震响应。在摇摆墙体和结构基础间施加预应力还可以赋予结构自复位能力[13]。

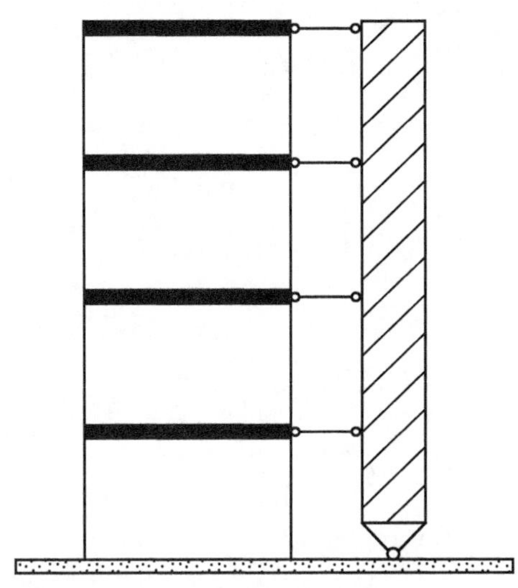

图 2-4　摇摆墙框架结构体系

Wada[14]对日本东京工业大学一个十一层钢筋混凝土框架结构教学楼采用了摇摆墙 + 钢阻尼器的加固方案。摇摆墙采用预应力混凝土墙,墙体底部采用允许转动不允许平动的齿状铰支座。沿着摇摆墙两侧,在框架柱与墙体之间安装钢阻尼器。钢阻尼器被设计成可更换构件,在遭受地震破坏后可以及时方便地进行更换。曲哲[15]基于 10 条地震动对加固前后的该教学楼进行了日本抗震设计的第二水准地震动强度水平下的弹塑性时程分析。分析结果表明,摇摆墙可以有效地控制结构的变形和损伤模式,实现各层损伤的平均化,抑制柱铰机制等局部破坏机制的出现。

2.3　钢筋混凝土框架阶梯墙结构体系

2.2 节所述措施都是对结构在地震下的损伤分布进行合理的控制。支撑框架结构体系和摇摆墙框架结构体系是希望损伤能够均匀分布在各楼层,而隔震结构体系恰巧相反,是通过将损伤集中控制在特定部位以保护其他部位免受破坏。面对我国量大面广的框架结构,在未来的短时间内,将每个新建的框架结构都安装上耗能支撑、摇摆墙或隔震基础的想法显然还不能实现,寻找一种经济实用、构造简单、适合大规模工程应用的损伤控制措施显得尤为重要。

针对第一章论述的框架结构底层薄弱现象,我们希望通过某种控制措施,使得损伤能够均匀分布在结构各楼层,阻止薄弱层的产生。国内外规范大都通过限定层间位移角来控制结构的破坏程度。针对图 1-17 所示的四层框架结构,理想的损伤机制是在地震力作用下,各层的层间位移相同,即

$$d_1 = d_2 = d_3 = d_4 \tag{2-1}$$

此时,就需要对结构每层额外增加一定的刚度,来实现式(2-1)的控制目标。假设各层增加的刚度分别为 k_1^*、k_2^*、k_3^*、k_4^*。将式(1-1)~式(1-4)代入式(2-1),可求得

$$k_1^* = \frac{V}{d} - k + \Delta k \tag{2-2}$$

$$k_2^* = \frac{9V}{10d} - k \tag{2-3}$$

$$k_3^* = \frac{7V}{10d} - k \tag{2-4}$$

$$k_4^* = \frac{4V}{10d} - k \tag{2-5}$$

k_1^*、k_2^*、k_3^*、k_4^* 可通过在框架结构中附加等厚度、不同截面高度的钢筋混凝土墙来实现,经济实用,构造简单,即形成了图 2-5 所示的框架阶梯墙结构体系。

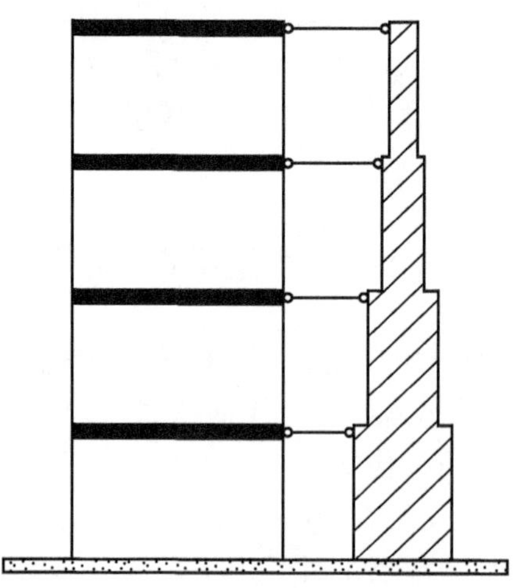

图 2-5　框架阶梯墙结构体系

2.4　钢筋混凝土框架阶梯墙结构抗倒塌能力分析

2.4.1　结构抗倒塌能力分析方法

结构抗倒塌能力分析方法的发展主要经历了两个阶段：第一个阶段主要是基于 pushover 分析的能力谱方法（ATC-40，FEMA-273，FEMA-274，FEMA-356）；第二个阶段主要是基于 IDA 分析的结构抗倒塌易损性分析（ATC-63，FEMA P695）。

ATC-40 能力谱方法的基本步骤是：首先对结构进行 pushover 分析，得到结构的能力曲线，然后将其转换为谱位移-谱加速度（S_a-S_d）格式的能力谱曲线；将等效单自由度体系的弹性反应谱由传统的 S_a-T 格式转化为 AD 格式，绘制出需求谱；再将能力谱曲线与需求谱曲线进行叠加，通过迭代得到两条曲线的交点，该点为结构抗震性能特征点，即结构的目标位移点；将该目标位移转化为原结构的变形要求，并与性能目标所要求达到的变形进行比较，从而衡量该结构的抗震能力[16-17]。除此之外，众多学者在上述基本步骤的基础上，提出了一些不同的具体实施方法，包括采用弹塑性需求谱的 Chopra 改进能力谱法、N2 方法以及考虑高阶振型影响的多模态推覆分析（MPA）等。

IDA 方法是通过输入逐步增大强度的地震记录对结构进行弹塑性时程分析，得到结构在不同强度地面运动下的破坏情况，从而对结构的抗震性能进行全面评价[18]。但由于一次 IDA 分析只是针对一条地震动进行，所以分析结果与选用的地震记录有很大的相关性。为此 ATC-63 建议采用不少于 20 条地震记录进行计算分析，并给出了地震动选择原则和一个推荐的地震记录数据库。对选用的地震记录（总数记为 N_t 条）逐步增大地震动强度［ATC-63 建议以结构基本周期 R_1 的谱加速度 $S_a(T_1)$ 作为强度指标］，假如在某一地震动强度下，有 N_c 条地震记录发生倒塌，则 N_c/N_t 为该地震动强度下结构的倒塌率。随着地震动强度的逐步增大，结构的倒塌率也在逐步提高，由此可以得到结构的倒塌率与地震动强度之间的关系曲线，称之为结构的地震易损性曲线。如果在某一地震强度下，结构倒塌率为 50%，则将该地震动强度 $S_a(T_1)_{50\%}$ 和结构设计大震的地震动强度 $S_a(T_1)_{大震}$ 之比定义为结构的倒塌储备系数 CMR。从而可以用来评估结构的抗倒塌能力。

2.4.2　结构模型

为研究阶梯墙对框架结构抗地震倒塌能力的提高作用，采用 IDARC 分析软件建立了一个纯框架结构(简称“结构 F”)和一个框架阶梯墙结构(简称“结构 SF”)进行静力弹塑性分析和 IDA 分析。

由在现场科考中获得的玉树武警支队二中队营房的相关图纸资料,其位于Ⅸ度区,为四层钢筋混凝土框架结构,于 2009 年设计。主要横向柱距为 5.7m、7.8m,主要纵向柱距为 7.2m、3.6m;房屋总长度 50.4m,总宽度 13.5m,建筑面积约为 2700m²,层高均为 3.6m。设防类别为丙类,设防烈度为Ⅶ度,设计基本地震加速度值为 0.15g,设计使用年限为 50 年。玉树地震后,结构底层柱端混凝土压碎,钢筋屈曲,填充墙基本完全破坏,并产生较大层间侧移,濒临倒塌。由于底层的严重破坏消耗了大量地震能量,上部三层破坏较为轻微。结构呈现出典型的底层薄弱的层屈服机制,破坏情况见图 2-6。结构标准层平面图如图 2-7 所示。图 2-8 为结构⑤轴立面图。梁柱详细配筋信息如图 2-9 所示。

a)底层严重破坏,出现较大侧移

b)底层柱端破坏

图 2-6 玉树武警支队二中队营房底层严重破坏

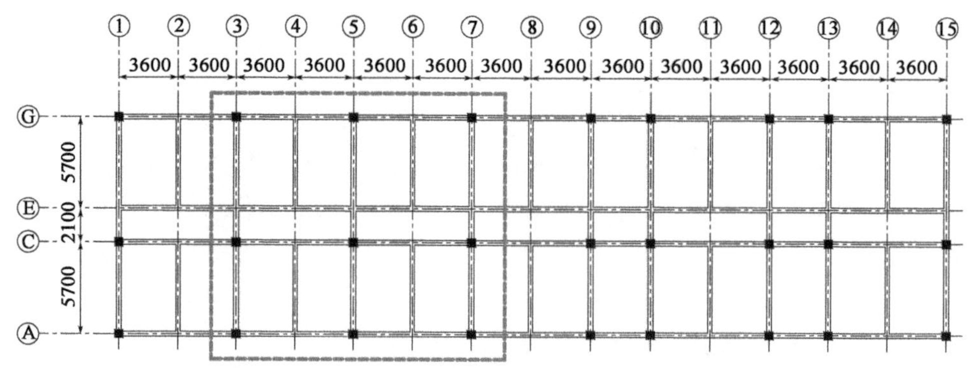

图 2-7 结构标准层平面图(尺寸单位:mm)

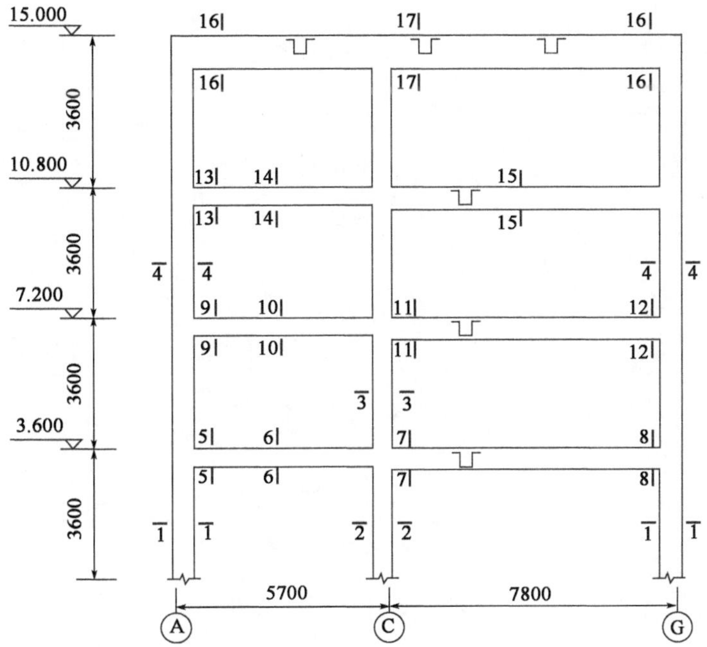

图 2-8　结构⑤轴立面图(尺寸单位:mm;高程单位:m)

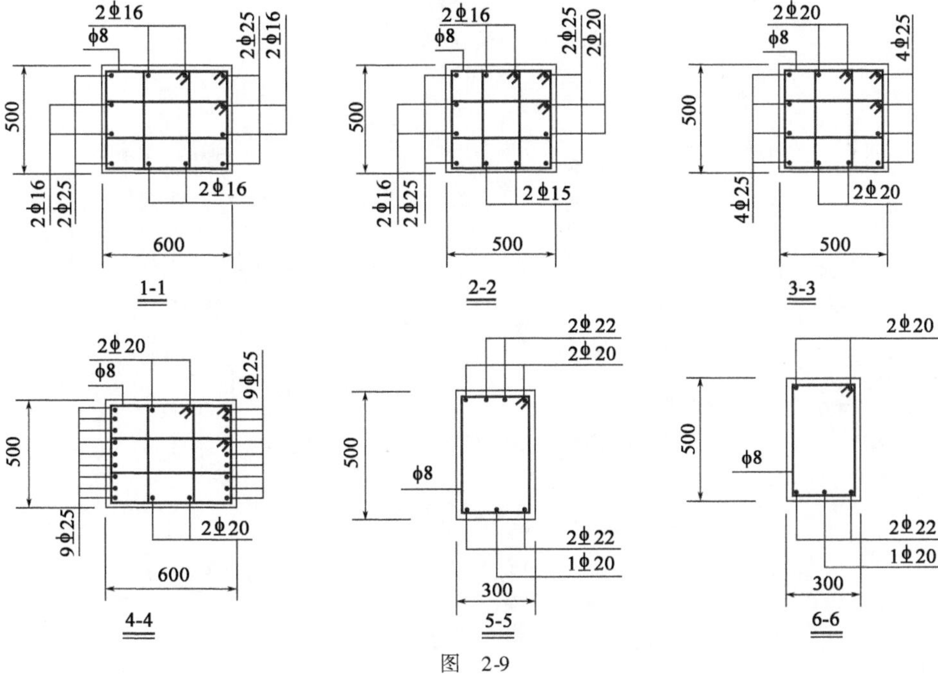

图　2-9

4Φ20
500
ϕ8
2Φ22
1Φ20
300
9-9
2Φ20
500
ϕ8
2Φ22
1Φ20
300
10-10
1Φ20
2Φ25
500
ϕ8
3Φ18
300
13-13
2Φ25
500
ϕ8
3Φ18
300
14-14
5Φ20
600
4Φ20
ϕ8@400
4Φ12
2Φ22
ϕ8
4Φ25
300
7-7
5Φ20
600
2Φ20
ϕ8@400
4Φ12
2Φ22
ϕ8
4Φ25
300
8-8
6Φ18
900
6Φ18
2Φ18
2Φ12
ϕ8@400
2Φ22
10Φ25
ϕ8
4Φ20
350
16-16
6Φ18
900
6Φ18
2Φ18
2Φ12
ϕ8@400
2Φ22
10Φ25
ϕ8
4Φ18
350
17-17

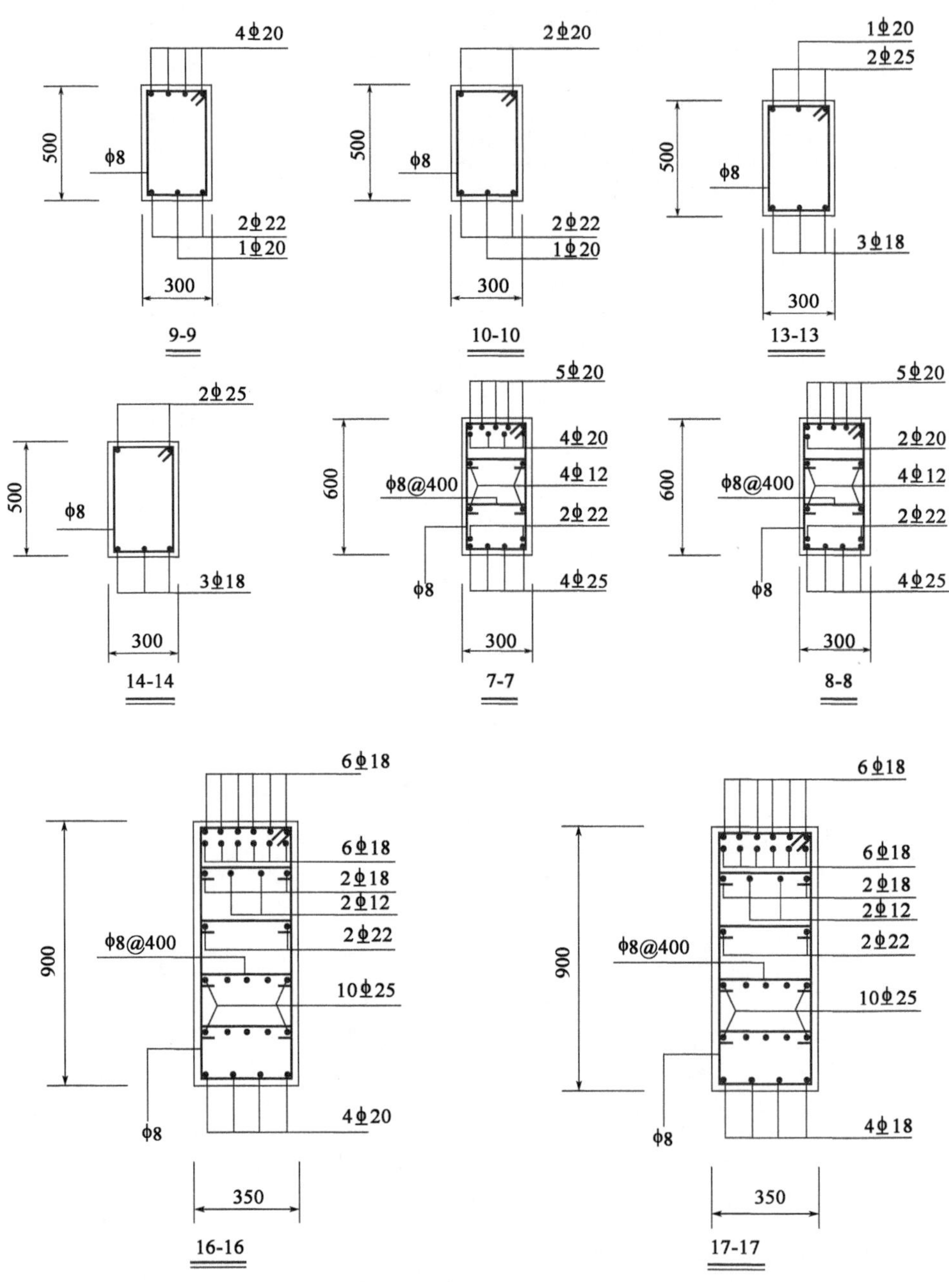

图 2-9

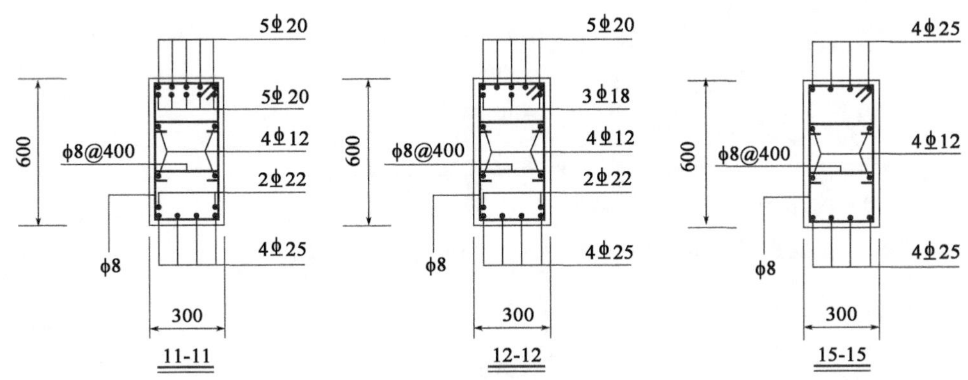

图 2-9　梁柱详细配筋(尺寸单位:mm)

由于 IDA 分析需要进行几百次弹塑性时程分析,计算量非常庞大,因此对结构 F 仅选取营房中的三榀框架进行建模。基于式(2-2)~式(2-5),结构 SF 在结构 F 的中间榀(即 5 轴中 CG 跨中)加了一道 200mm 厚钢筋混凝土阶梯墙,第 1~4 层宽度分别为 2500mm、2000mm、1500mm、1000mm。

2.4.3　分析软件

采用有限元分析程序 IDARC-2D[19-20] 对模型进行 pushover 分析和 IDA 分析。分析程序中,框架梁和柱采用等效剪切-弯曲弹簧来模拟,在端部通过设置刚域来模拟节点区刚度。采用 Kabeyasawa 模型的串联剪切和弯曲弹簧对剪力墙进行模拟。柱和剪力墙中的轴向变形通过一个弹性弹簧进行模拟,忽略与弯矩的耦合作用。

混凝土构件的恢复力模型采用 Park 三参数模型进行模拟,包括一个三折线的骨架曲线,以及刚度退化系数(HC)、强度退化系数(HBD,HBE)和捏缩效应系数(HS)。基于混凝土和钢筋的应力应变关系,程序采用平截面假定和纤维模型自动计算骨架曲线,也可以由用户手动输入骨架曲线参数。

图 2-10 为刚度退化系数(HC)、强度退化系数(HBD,HBE)和捏缩效应系数(HS)示意图。其中,HC 定义为卸载目标点强度与屈服强度之比。将初始路径反向延长至纵坐标为 HC × PYN(PYN 为屈服强度)处的一点,假设卸载路径指向该点,直至与 x 轴相交。强度退化模型中定义:

$$F_{\mathrm{new}} = F_{\max}\left(1.0 - \beta_{\mathrm{e}}\frac{\int \mathrm{d}E}{M_{\mathrm{y}}\varphi_{\mathrm{u}}} - \beta_{\mathrm{d}}\frac{\varphi_{\max}}{\varphi_{\mathrm{y}}}\right) \tag{2-6}$$

式中：F_{new}、F_{max}——分别为所求承载力、最大承载力；

β_d、β_e——分别为 HBD 和 HBE，分别代表延性强度退化系数和耗能强度退化系数，通常认为两者相等；

M_y、φ_y——分别为屈服力矩和曲率；

φ_u、φ_{max}——分别为极限曲率和最大反应曲率。

HS 反映了捏缩滑移现象，其定义为先卸载到弯矩为零后，再反向加载到变形与初始开裂变形相同时，相应的强度与屈服强度的比值。

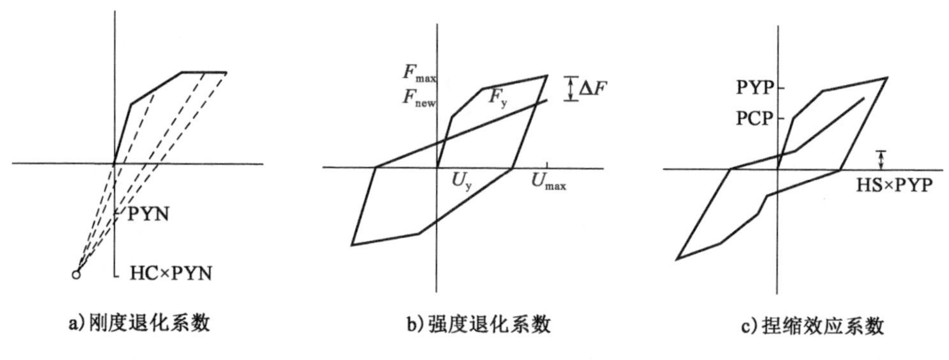

图 2-10　滞回模型控制参数

2.4.4　pushover 分析

采用倒三角侧力分布模式对结构 F 和结构 SF 进行静力弹塑性分析，得到两个结构各楼层的推覆能力曲线。当结构达到峰值承载力的时候，结构 F 下部楼层的层间位移角明显大于上部楼层，而结构 SF 的层间位移角集中程度明显降低。与结构 F 相比，结构 SF 的整体承载能力也有了大幅提高，如图 2-11 所示。

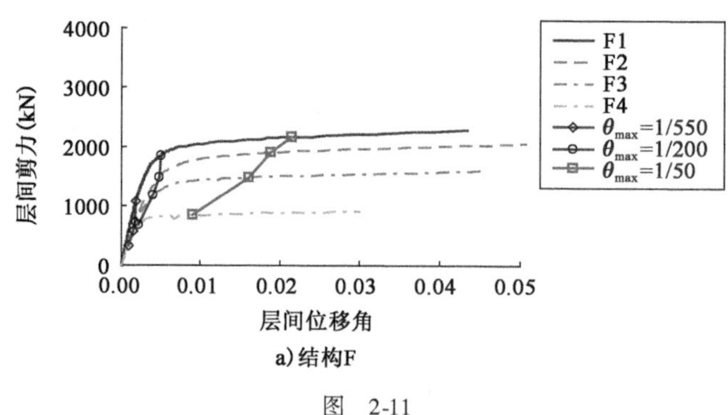

图　2-11

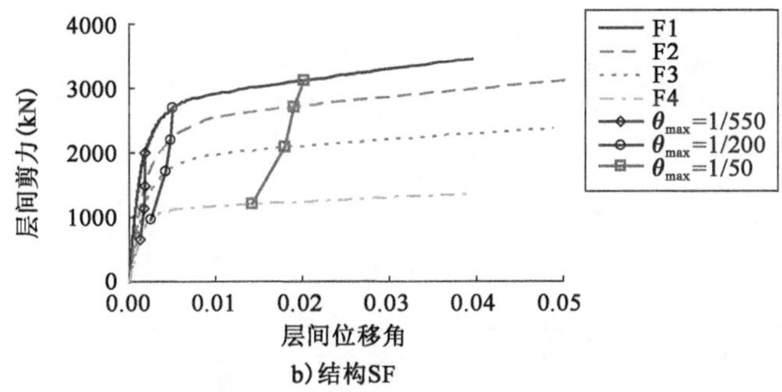

b)结构SF

图 2-11　两个结构各楼层推覆能力曲线

2.4.5　IDA 分析

采用 FEMA P695 推荐的 22 条地震动记录(表 2-1)对结构 F 和结构 SF 进行 IDA 分析,得到两个结构的 IDA 曲线(图 2-12),进一步可以获得两个结构的地震易损性曲线(图 2-13)。在分析中,以结构最大层间位移角达到 1/50 作为判定结构发生倒塌的标准。从图 2-13 可见,结构 F 的 CMR 约为 1.67,而结构 SF 的 CMR 约为 2.33。与结构 F 相比,结构 SF 倒塌率达到 50% 的地震动强度提高约 0.2g。可见,通过设置阶梯墙,使框架结构的抗地震倒塌能力获得了较大幅度的提高。

IDA 分析选用的地震动记录　　表 2-1

序　号	震　级	年　份	地震事件	台站名称
1	6.7	1994	Northridge	Beverly Hills-Mulhol
2	6.7	1994	Northridge	Canyon Country-WLC
3	7.1	1999	Duzce	Bolu
4	7.1	1999	Hector Mine	Hector
5	6.5	1979	Imperial Valley	Delta
6	6.5	1979	Imperial Valley	El Centro Array No.11
7	6.9	1995	Kobe	Nishi-Akashi
8	6.9	1995	Kobe	Shin-Osaka
9	7.5	1999	Kocaeli	Duzce
10	7.5	1999	Kocaeli	Arcelik
11	7.3	1992	Landers	Yermo Fire Station
12	7.3	1992	Landers	Coolwater

续上表

序　　号	震　　级	年　　份	地震事件	台站名称
13	6.9	1989	Loma Prieta	Capitola
14	6.9	1989	Loma Prieta	Gilroy Array No. 3
15	7.4	1990	Manjil	Abbar
16	6.5	1987	Superstition Hills	El Centro Imp. Co.
17	6.5	1987	Superstition Hills	Poe Road (temp)
18	7.0	1992	Cape Mendocino	Rio Dell Overpass
19	7.6	1999	Chi-Chi	CHY101
20	7.6	1999	Chi-Chi	TCU045
21	6.6	1971	San Fernando	LA-Hollywood Stor
22	6.5	1976	Friuli	Tolmezzo

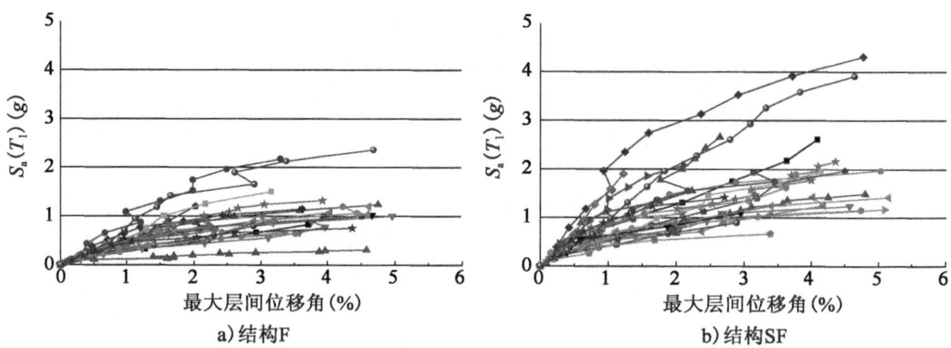

图 2-12　两个结构 IDA 曲线

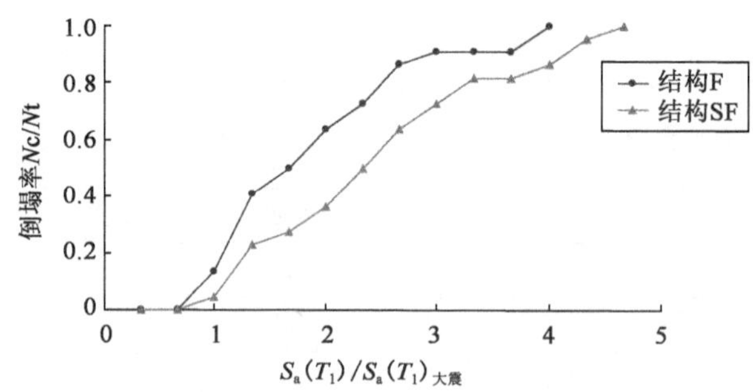

图 2-13　两个结构地震易损性曲线比较

文献[21]的研究结果表明,影响框架结构抗地震倒塌能力的因素主要有结构的整体承载力储备和变形能力,结构的冗余度和整体性以及合理的屈服机制。通过上文的计算分析可见,阶梯墙在这三个方面都能对框架结构的抗地震倒塌能力的提升起到有益作用。从图 2-11 可见,通过设置阶梯墙,使得结构能承受的最大基底剪力有了大幅提高,各层层间变形变得更加均匀,抑制了薄弱层的产生,实现了合理的损伤机制,增加了结构的极限变形能力。不考虑填充墙影响的纯框架结构仅有一条抗震防线,而在框架阶梯墙结构体系中,阶梯墙不仅可以增强框架结构的极限承载力和变形能力,还可以作为框架结构的第一道抗震防线,使结构形成具有两道抗震防线的抗震体系,增加了结构的冗余度,大大提高了框架结构的抗地震倒塌能力。

2.5　本章小结

本章总结了隔震结构、支撑框架结构、摇摆墙框架结构三种常见损伤机制控制措施的损伤控制原理。然后基于多层钢筋混凝土框架结构自身的变形损伤特点,提出了一种新的结构体系——钢筋混凝土框架阶梯墙结构体系。通过 pushover 分析和 IDA 分析,证明阶梯墙在结构的整体承载力储备和变形能力、冗余度和整体性以及合理的屈服机制三个层面上均能对框架结构的抗地震倒塌能力起到很好的改善作用。

本章参考文献

[1] 曲哲, 叶列平. 基于损伤机制控制的钢筋混凝土结构抗震设计方法研究[J]. 建筑结构学报, 2011, 32(10): 21-29.

[2] 周福霖. 工程结构减震控制[M]. 北京: 地震出版社, 1997.

[3] 中国赴日地震考察团. 日本阪神大地震考察[M]. 北京: 地震出版社, 1995.

[4] 刘文光. 橡胶隔震支座力学性能及隔震结构地震反应分析研究[D]. 北京: 北京工业大学, 2003.

[5] 太田俊也, 溜正俊, 鸨田隆, 等. 平成 16 年(2004 年)新潟県中越地震における小千谷市内の免震建物の挙動[C]//その 1 ~ 3 日本建築学会大会学術講演梗概集, 2005: 653-658.

[6] EDISON O E. Comparative parametric study on normal and buckling restrain steel braces[D]. Pavia: ROSE School, Italy, 2003.

[7] QIANG X. State the art of buckling-restrained braces in Asia[J]. Journal of Constructional Steel Research, 2005, 61(6): 727-748.

[8] 丁玉坤，张耀春．不失稳支撑及不失稳支撑框架结构研究现状[J]．哈尔滨工业大学学报，2007，39(4)：514-520.

[9] INOUE K, SAWAIZUMI S, HIGASHIBATA Y. Stiffening requirements for unbonded braces encased in concrete panels[J]. Journal of Structural Engineering, 2001, 127(6): 712-719.

[10] BLACK C J, MAKRIS N, AIKEN I D. Component testing, stability analysis and characterization of buckling-restrained unbonded braces PEER 2002/08[R]. Berkeley: University of California, 2002.

[11] AJRAB J J, PECKCAN G, MANDER J B. Rocking wall-frame structures with supplemental tendon systems[J]. Journal of Structural Engineering, 2004, 130(6): 895-903.

[12] 曲哲，和田章，叶列平．摇摆墙在框架结构抗震加固中的应用[J]．建筑结构学报，2011，32(9)：11-19.

[13] QU Z, WADA A, MOTOYUI S, et al. Pin-supported walls for enhancing the seismic performance of building structures[J]. Earthquake Engineering and Structural Dynamics, 2012, 41(14): 2075-2091.

[14] WADA A, QU Z, et al. 2009. Seismic retrofit using rocking walls and steel dampers[C]// Proceedings of ATC/SEI Conference on Improving the Seismic Performance of Existing Buildings and Other Structures, San Francesco, CA, U.S.

[15] 曲哲．摇摆墙—框架结构抗震损伤机制控制及设计方法研究[D]．北京：清华大学，2010.

[16] 翟长海，谢礼立．钢筋混凝土框架结构超强研究[J]．建筑结构学报，2007，28(1)：101-106.

[17] 侯爽，欧进萍．结构Pushover分析的侧向力分布及高阶振型影响[J]．地震工程与工程振动，2004，24(3)：89-97.

[18] 吕大刚，于晓辉，王光远．基于单地震动记录IDA方法的结构倒塌分析[J]．地震工程与工程振动，2009，29(6)：33-39.

[19] VALLES R E, REINBORN A M, KUNNATH S K, et al. IDARC 2D version 4.0: a program for the inelastic damage analysis of buildings[R]. Buffalo: State University of New York, 1996.

[20] PARK Y J, REINBORN A M, KUNNATH S K. IDARC: inelastic damage analysis of reinforced concrete frame-shear-wall structures[R]. Buffalo: State University of New York, 1987.

[21] 叶列平，曲哲，陆新征，等．建筑结构的抗倒塌能力——汶川地震建筑震害的教训[J]．建筑结构学报，2008，29(4)：42-50.

第3章　钢筋混凝土框架阶梯墙结构振动台试验

3.1　引言

地震模拟振动台试验以最直接的方式再现地震动作用过程,是在实验室条件下研究建筑结构地震反应和破坏机理的最直接方法[1]。为检验第2章提出的阶梯墙体系对钢筋混凝土框架结构抗震能力的改善效果,研究该种结构类型的抗震性能特点和破坏模式等问题,本章进行了一个纯框架结构和一个框架阶梯墙结构模型的振动台对比试验。详细分析了两种结构类型模型在设计小震、中震、大震以及更高强度的地震作用下的宏观破坏模式、模态参数变化特点、动力反应特性等问题。

3.2　模型设计与制作

3.2.1　原型结构概述

框架结构底层薄弱这一破坏模式在汶川和玉树地震中显得尤为突出。我国新版《建筑抗震设计规范》(GB 50011—2010)对结构抗震分析、概念设计和延性设计的要求等进行了一系列的改进,以期改善框架结构在地震中的表现。本节以第2章详细介绍的玉树武警支队二中队营房的荷载工况、轴网尺寸等基本信息为基础,按照现行规范重新进行配筋计算得到的结构为原型。考虑到振动台台面尺寸的限制,取出其中的三榀框架进行缩尺模型设计。原型结构平面图如图3-1所示。

3.2.2　模型配筋设计

由于振动台的台面尺寸的限制,采用几何尺寸1∶5的缩尺比例设计了两个模型,同时放在台面上进行地震模拟试验。模型A为完全按照原型结构缩尺而来的纯框架结构体系;模型B则在中间榀框架上增加了一道钢筋混凝土阶梯墙

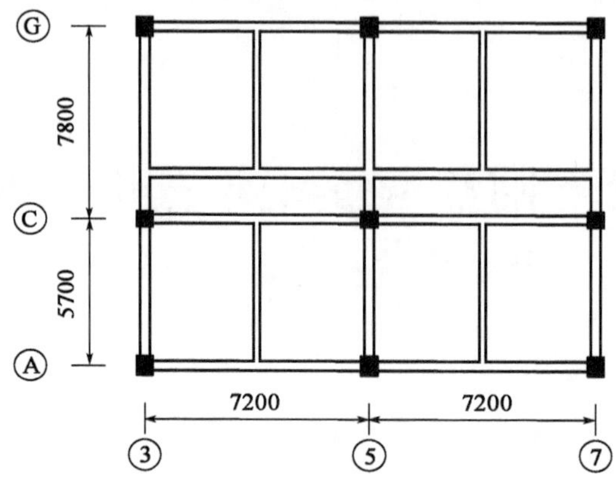

图 3-1　原型结构平面图(尺寸单位:mm)

(所加宽度为:第 1 层 500mm,第 2 层 400mm,第 3 层 300mm,第 4 层 200mm),其他参数与模型 A 完全相同。

模型采用微粒混凝土和镀锌铁丝制成。大量材料试验证明微粒混凝土和原型混凝土具有大体相似的轴心抗压变形曲线,但弹性模量和抗压强度有较大差别。而模型钢筋与原型钢筋的弹性模量和抗拉强度较为接近,无法达到理想钢筋材料的弹性模量需求,这必然导致二者材料之间相似性不协调的问题。不少学者已对这一问题做了较为细致深入的分析,研究表明对于钢筋混凝土框架结构缩尺模型,按照承载力相似原则进行配筋设计能够基本准确预测原型的动力响应;而按照等面积配筋率配筋的模型将会高估原型的地震响应[2-4]。本节根据试验模型的动力特点,依据抗弯能力等效的原则进行模型配筋设计,即:

$$E_{cr}L_r^3 = \frac{M^m}{M^p} = \frac{f_s^m A_s^m \left(\frac{h_0^m}{2} - a_s^m\right)}{f_s^p A_s^p \left(\frac{h_0^p}{2} - a_s^p\right)} \tag{3-1}$$

从而推出:

$$A_s^m = E_{cr}L_r^2 A_s^p \frac{f_s^p}{f_s^m} \tag{3-2}$$

式中:E_{cr}——模型与原型结构混凝土弹性模量比;

L_r——模型与原型结构尺寸比;

M^m、M^p——分别为模型和原型构件弯矩,kN · m;

f_s^m、f_s^p——分别为模型和原型结构钢筋受拉屈服强度,MPa;

A_s^m、A_s^p——分别为模型和原型构件截面配筋面，mm^2；

h_0^m、h_0^p——分别为模型和原型构件截面有效高度，mm；

a_s^m、a_s^p——分别为模型和原型构件混凝土保护层厚度，mm。

梁柱纵筋采用 ϕ4mm 铁丝，箍筋及钢筋混凝土墙分布钢筋采用 ϕ2mm 铁丝，图 3-2 为两个模型配筋图。

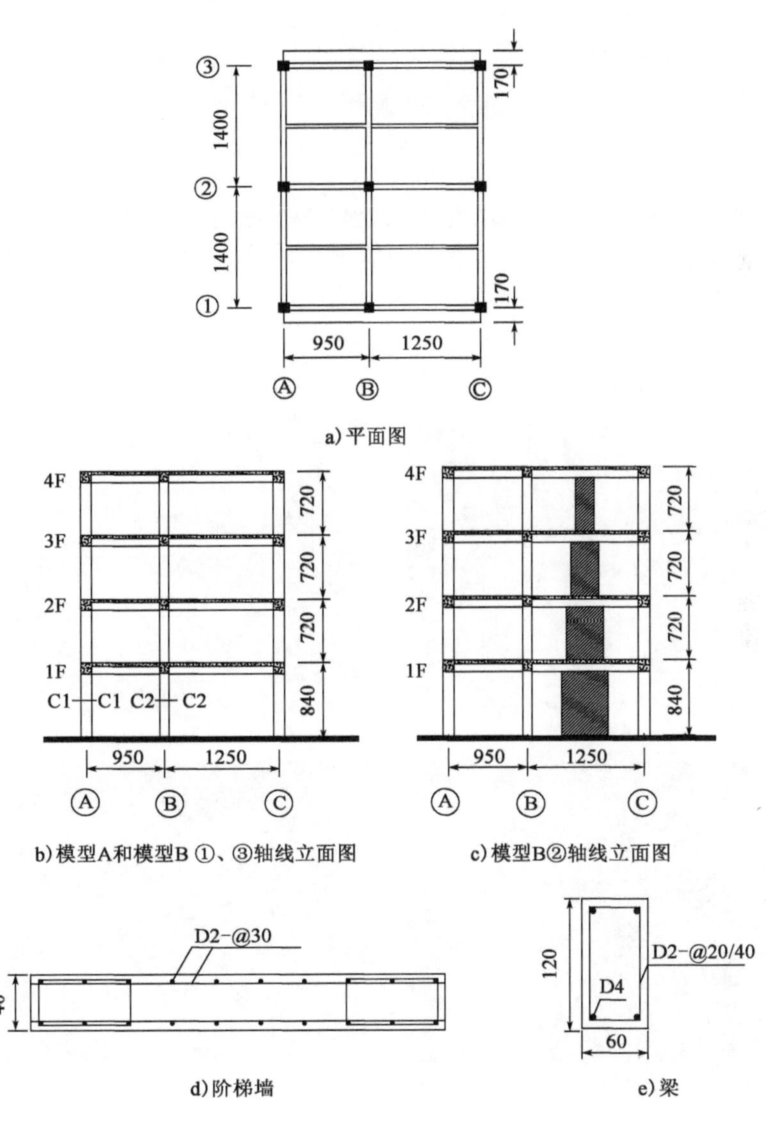

图 3-2

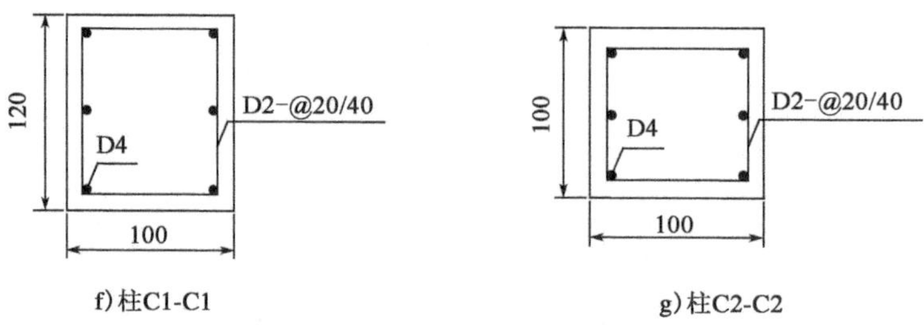

f) 柱C1-C1　　g) 柱C2-C2

图 3-2　试验模型配筋图(尺寸单位:mm)

3.2.3　模型施工

模型施工过程在中国地震局地震工程与工程振动重点实验室中进行,两个模型同时施工,基本施工顺序为:底梁钢筋绑扎和混凝土浇筑→模型各层钢筋绑扎、支模、混凝土浇筑→养护 28d→拆模→模型抹灰。图 3-3 为模型施工阶段照片。

a) 底板施工　　b) 柱底箍筋加密

c) 梁柱节点钢筋　　d) 梁板钢筋

图　3-3

e)模型养护

f)模型施工完成

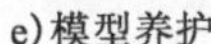

图 3-3　模型施工过程

3.2.4　模型材料试验

(1)微粒混凝土材料试验

相关研究[5]表明采用小集料制作的微粒混凝土具有与普通混凝土非常相似的力学性能，便于试验模型的施工。而且微粒混凝土的弹性模量与抗压强度一般比普通混凝土偏低，更易于满足试验相似率的需求。模型制作中，采用水泥∶石(粒径在 1～2cm，见图 3-4)∶砂质量比为 1∶2.2∶2.2 的配合比。

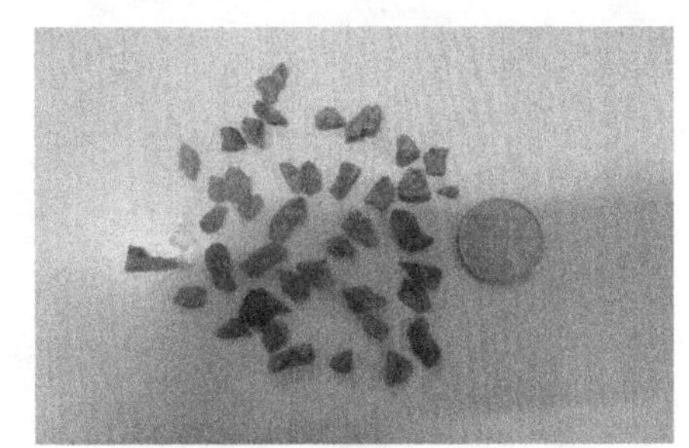

图 3-4　微粒混凝土中的粗集料

在浇筑模型每层的过程中均预留一组微粒混凝土立方体试块(150mm × 150mm × 150mm)和一组棱柱体试块(150mm × 150mm × 300mm)。养护满 28d 后，分别进行轴心抗压强度试验，试验设备采用电液伺服万能试验机。图 3-5 为混凝土材料试验照片。

根据《普通混凝土力学性能试验方法标准》(GB/T 50081—2002)，确定混凝土立方体轴心抗压强度值。试验测得 4 组共 12 块立方体试件的立方体抗压强度值，见表 3-1。表 3-2 为模型各层的混凝土立方体抗压强度平均值。所有试件的立方体抗压强度均值为 14.9MPa。

微粒混凝土立方体抗压强度试验结果　　表 3-1

试 块 编 号	破坏荷载(kN)	抗压强度(MPa)
F1-1	342	15.2
F1-2	356	15.8

续上表

试块编号	破坏荷载(kN)	抗压强度(MPa)
F1-3	330	14.7
F2-1	463	20.6
F2-2	419	18.6
F2-3	412	18.3
F3-1	340	15.1
F3-2	343	15.2
F3-3	328	14.6
F4-1	316	14.0
F4-2	323	14.4
F4-3	425	18.9

a)立方体试件

b)棱柱体试件

图 3-5　混凝土材料试验

微粒混凝土立方体抗压强度各层平均值　　表 3-2

层　　数	抗压强度(MPa)	层　　数	抗压强度(MPa)
F1	15.2	F3	15.0
F2	19.2	F4	14.4

根据《普通混凝土力学性能试验方法标准》(GB/T 50081—2002),对混凝土棱柱体试件进行轴心受压试验,以确定微粒混凝土静力受压弹性模量。混凝土

弹性模量依据下式计算：

$$E_c = \frac{F_a - F_0}{A} \times \frac{L}{\Delta n} \tag{3-3}$$

式中：E_c——混凝土弹性模量，MPa；

F_a——应力为 1/3 轴心抗压强度时的荷载，N；

F_0——应力为 0.5MPa 时的初始荷载，N；

A——试件承压面积，mm^2；

L——测量标距，mm；

Δn——从 F_0 加荷至 F_a 时试件两侧变形的平均值，mm。

试验测得 4 组共 12 块棱柱体试件的抗压强度和弹性模量值，见表 3-3，所有试件的弹性模量均值为 15600MPa，轴心抗压强度均值为 13.9MPa。

微粒混凝土棱柱体弹性模量和抗压强度试验结果　　表 3-3

试块编号	破坏荷载(kN)	抗压强度(MPa)	弹性模量($\times 10^4$ MPa)
F1-1	317.3	14.1	1.46
F1-2	319.5	14.2	1.53
F1-3	274.5	12.2	1.23
F2-1	321.8	14.3	1.85
F2-2	398.3	17.7	1.97
F2-3	369.0	16.4	1.65
F3-1	222.8	9.9	1.69
F3-2	297.0	13.2	1.33
F3-3	308.3	13.7	1.46
F4-1	108.0	4.8	1.44
F4-2	326.3	14.5	1.52
F4-3	285.8	12.7	1.61

(2)模型钢筋材料试验

采用电液伺服万能试验机对模型梁柱纵筋进行了拉伸试验，见图 3-6。得到模型钢筋屈服应力均值为 360MPa，极限应力均值为 422MPa。表 3-4 为各试件拉伸数据。

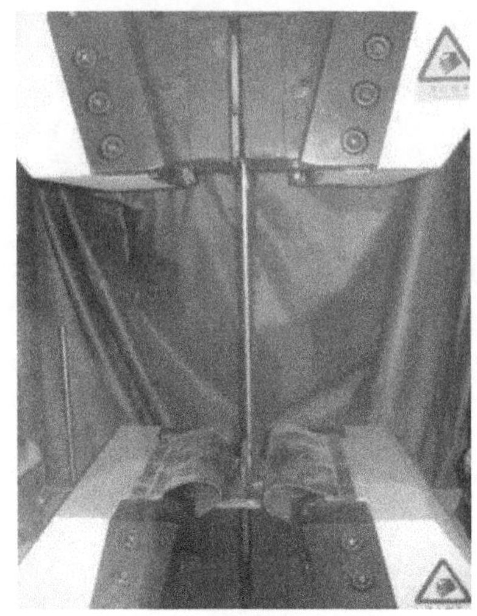
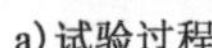
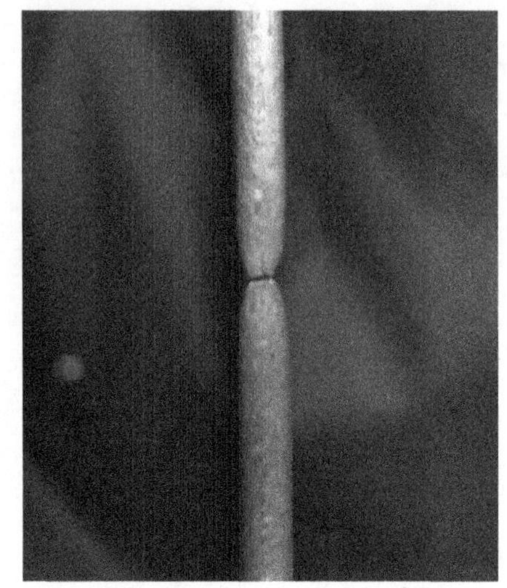

a) 试验过程　　　　b) 钢筋拉断后形态

图 3-6　模型钢筋材料试验

钢筋拉伸试验结果　　　　表 3-4

编　号	钢筋直径 (mm)	屈服荷载 (kN)	极限荷载 (kN)	屈服应力 (N/mm^2)	极限应力 (N/mm^2)
1	4	4.5	5.2	358	414
2	4	4.6	5.3	366	422
3	4	4.4	5.4	350	430
4	4	4.6	5.3	366	422

3.2.5　模型相似关系的确定

在进行振动台试验模型的制作时，一般只考虑原型结构中结构构件的模拟，而忽略活载和非结构构件的制作。欠缺的这一部分质量效应以及由于模型缩尺导致的重力效应欠缺，一般通过设置人工质量进行弥补。对于采用较大比例尺缩尺的模型，由于振动台承载能力的限制，有时无法设置足够的人工质量。这样，根据人工质量的多少，缩尺模型可以分为三类：人工质量模型，忽略重力模型，欠人工质量模型[6-8]。

本次试验的原型结构中，结构构件总质量 $m_p = 550t$，活载和非结构构件总质量 $m_{op} = 330t$，长度相似比 $l_r = 0.2$，根据混凝土材性试验确定弹性模量相似比 $E_r = 0.5$，单个模型质量 $m_m = 5t$，单个底板质量 $m_b = 2.75t$。

若采用人工质量模型,则需要的人工质量为:

$$m_a = E_r l_r^2 (m_p + m_{op}) - m_m = 0.5 \times 0.2^2 \times (550 + 330) - 5 = 12.6\text{t}$$

此时台面总质量为:

$$M = 2 \times (m_m + m_a + m_b) = 2 \times (5 + 12.6 + 2.75) = 40.7\text{t}$$

已远大于振动台最大承载能力 30t。故本次试验采用欠人工质量模型,对每个模型施加 6t 的人工质量,此时台面总质量为:

$$M = 2 \times (m_m + m_a + m_b) = 2 \times (5 + 6 + 2.75) = 27.5\text{t} < 30\text{t}$$

其他物理量的相似关系可根据一致相似率[9]推导而出,见表 3-5。

模型主要相似关系　　表 3-5

物　理　量	相 似 关 系	模型/原型
长度	l_r	0.20
弹性模量	E_r	0.50
等效密度	$\bar{\rho}_r = \frac{m_m + m_a}{l_r^3 (m_p + m_{op})}$	1.56
应力	E_r	0.50
时间	$l_r \sqrt{\bar{\rho}_r / E_r}$	0.33
变位	l_r	0.20
速度	$\sqrt{E_r / \bar{\rho}_r}$	0.60
加速度	$E_r / (l_r \bar{\rho}_r)$	1.60
频率	$\sqrt{E_r / \bar{\rho}_r} / l_r$	3.00

3.3　试验方案

3.3.1　试验设备及传感器布置

本次试验在中国地震局地震工程与工程振动重点实验室中进行,振动台系统的主要性能参数见表 3-6。

振动台系统主要性能参数指标　　表 3-6

性能参数	指　标
最大试件质量	30t
台面尺寸	5m × 5m
激励方向	X、Y、Z 三方向
控制自由度	6 自由度
最大驱动位移	水平：±80mm；竖向：±50mm
最大驱动速度	水平：±600mm/s；竖向：±300mm/s
最大驱动加速度	X:1.0g
	Y:1.0g
	Z:0.7g
频率范围	0.5 ~ 40Hz
最大倾覆力矩	750kN · m

传感器的平面布置如图 3-7 所示，9 个 SW-3 拉线位移计分别布置在模型 A 每层的 D1 测点处模型 B 每层的 D2 测点处和台面上，用以检测两个模型各层的位移；另外共有 4 个 LVDT 位移计分别布置在模型 A 顶层的 L1 和 L2 测点处以及模型 B 顶层的 L3 和 L4 测点处，用以检测可能出现的扭转位移。13 个 FBA-11 型力平衡加速度传感器分别布置在模型 A 每层的 A1 测点处以及顶层的 A2 和 A3 测点处，模型 B 每层的 A4 测点处、顶层的 A5 和 A6 测点处以及台面上，用以检测结构的加速度反应。另外在两个模型底层的柱端、柱底以及阶梯墙底部共布置了 36 处应变片。传感器数量总计 58 个。试验过程中，数据采集系统自动采集两个模型在台面激励下的位移、加速度和应变数据。

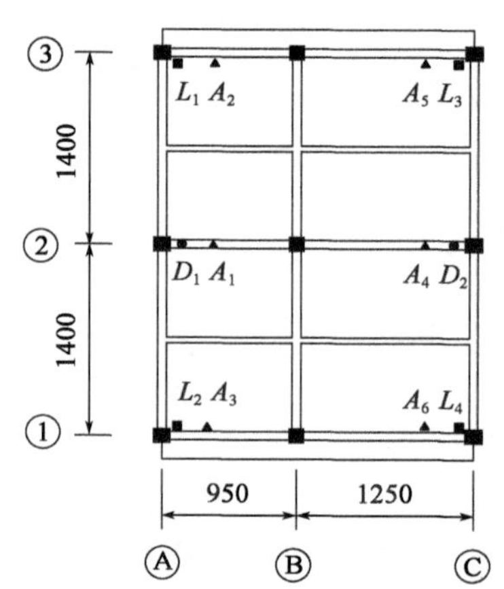

图 3-7　传感器布置图(尺寸单位：mm)

3.3.2　试验加载工况

选取研究常用的频谱成分丰富的 El- Centro 波作为输入地震动，其为 1940 年美国 Imperial 山谷地震记录，持时 53.73s，南北向加速度峰值为 341.7cm/s^2。按照时间相似关系，压缩为原波的 1/3 时长，如图 3-8 所示。

地震动输入方向为单向水平输入。由于原型结构设防烈度为Ⅶ度，设计基

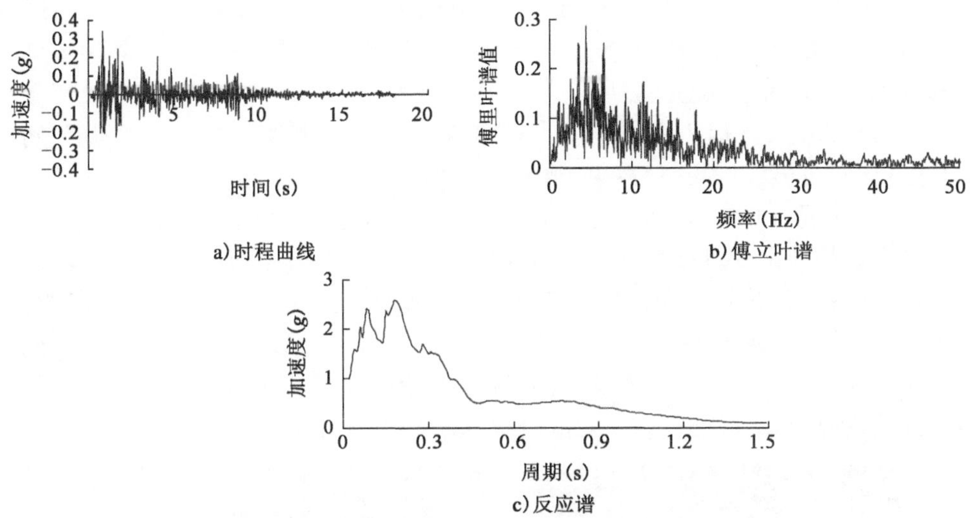

a)时程曲线　　b)傅立叶谱

c)反应谱

图 3-8　输入的地震动时程及其傅立叶谱和反应谱曲线

本地震加速度为 0.15g，故试验输入地震动加速度峰值调整为《建筑抗震设计规范》(GB 50011—2010)规定的Ⅶ度小震、中震、大震以及更高强度的峰值进行输入。具体地震动输入工况如表 3-7 所示。在试验开始前和各工况结束后均采用 20 次脉动激励并平均的方法测量模型自振频率的变化，采用初位移释放法测量模型阻尼比的变化。

地震动输入工况　　表 3-7

工　况	输入 PGA	折合原型	备　注
R1	0.08g	0.05g	Ⅶ度小震
R2	0.26g	0.16g	Ⅶ度中震
R3	0.46g	0.29g	Ⅶ度大震
R4	0.59g	0.37g	
R5	0.66g	0.41g	
R6	0.91g	0.57g	

3.4　试验宏观破坏现象

试验开始前，首先利用脉动法对两个模型进行了模态参数测试，得到模型 A 的自振频率为 5.06Hz，模型 B 的自振频率为 6.82Hz。增设阶梯墙后，模型 B 的抗侧刚度比模型 A 提高了 35%。

在 R1 工况（PGA =0.08g，相当于Ⅶ度小震水平）结束后，模型 A（最大层间位移角 θ_{max} =1/417）和模型 B（θ_{max} =1/556）表面均未发现可见裂缝。利用脉动法测得此时模型 A 自振频率为 4.69Hz，比初始状态下降了 7% 左右；模型 B 自振频率为 6.38Hz，比初始状态下降了 6% 左右。两个模型保持在弹性范围内，满足我国《建筑抗震设计规范》（GB 50011—2010）“小震不坏”的设防要求。

在 R2 工况（PGA = 0.26g，相当于Ⅶ度中震水平）结束后，模型 A（θ_{max} = 1/112）多数柱端出现可见细微裂缝，并以顶层柱端的裂缝数量最多、宽度最大。而通过 SW-3 拉线位移计测得的模型位移数据却显示顶层层间位移角为 1/227，小于其他三层（底层为 1/132，第 2 层为 1/112，第 3 层为 1/172）。造成这种现象的原因可能是底层柱轴压力较大，限制了裂缝的发展。模型整体破坏主要集中在柱端，仅在底层一处发现了梁端裂缝，如图 3-9 所示。

a）底层B3柱端裂缝

b）第2层B3柱端裂缝

c）顶层C3柱端裂缝

d）底层C3柱节点处梁端裂缝

图 3-9 模型 A 在 R2 工况（PGA =0.26g）下的破坏情况

模型 B（θ_{max} =1/154）在阶梯墙与框架梁交接处出现细微裂缝，框架柱端未发现可见裂缝，如图 3-10 所示。

在 R3 工况（PGA = 0.46g，相当于Ⅶ度大震水平）结束后，模型 A（θ_{max} = 1/34）先前出现的裂缝进一步显著开展，个别柱端出现小块混凝土脱落，底层个别柱底出现小块混凝土压溃现象。整个模型的破坏仍主要集中在柱端,并以底层破坏最为严重,如图 3-11 所示。由于模型未设置填充墙,抗侧刚度要小于实际的填充墙框架结构抗侧刚度,所以模型的位移反应超过了我国《建筑抗震设计规范》(GB 50011—2010)对框架结构在大震下 1/50 的层间位移角限值要求。但通过试验现象观察,模型尚远未达到倒塌临界状态,因此模型满足我国《建筑抗震设计规范》(GB 50011—2010)"大震不倒"的设防要求。

a)底层墙、梁交接处裂缝

b)第2层墙、梁交接处裂缝

图 3-10　模型 B 在 R2 工况(PGA = 0.26g)下的破坏情况

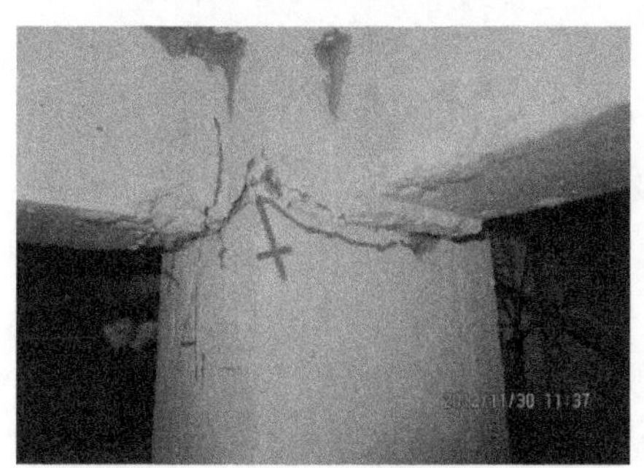

a)底层B2柱端裂缝

b)底层B2柱底小块混凝土压溃

c)底层B3柱端混凝土脱落

d)底层B3柱底混凝土压溃

图 3-11　模型 A 在 R3 工况(PGA = 0.46g)下的破坏情况

模型 B($\theta_{max}=1/64$)在阶梯墙与框架梁交接处的裂缝进一步开展。底层阶梯墙脚部混凝土压碎,钢筋外露,仅个别框架柱端出现细微裂缝。阶梯墙成为整个模型第一道抗震防线,如图 3-12 所示。

a)底层墙脚混凝土压碎

b)底层墙梁交接处裂缝进一步开展

c)顶层B2柱端裂缝

图 3-12 模型 B 在 R3 工况(PGA = 0.46g)下的破坏情况

在 R4 工况(PGA = 0.59g)结束后,模型 A($\theta_{max}=1/25$)破坏进一步加重,底层多数框架柱已发生严重破坏,柱端和柱底混凝土压碎,个别柱底钢筋外露屈曲。随着楼层的增高,破坏程度显著降低,呈现出典型的“下重上轻,底层薄弱”的破坏模式。与实际震害类似,没有出现设计期望的“强柱弱梁”破坏机制,破坏基本集中在柱端,没有出现梁端破坏现象。个别节点发生较严重破坏,如图 3-13所示。

模型 B($\theta_{max}=1/40$)墙体出现明显破坏,底层墙体两边脚部小块混凝土压碎,钢筋外露屈曲;第 2、3 层墙体顶部两角部小块混凝土脱落;顶层墙体顶部一角部混凝土压碎,钢筋外露屈曲。框架柱端裂缝进一步开展,但均不严重,如图 3-14所示。

在 R5 工况(PGA = 0.66g)结束后,模型 A($\theta_{max}=1/21$)底部两层框架柱已出现严重破坏,部分柱两端已出现明显塑性铰,混凝土压碎,钢筋屈曲,柱有效截面严重削弱。上部两层部分柱端也出现混凝土小块剥落,但与底层相比要轻微很多,如图3-15所示。

a)底层B3柱端破坏

b)第2层B3柱底破坏

c)第2层B1柱端破坏

d)第2层B2柱端节点破坏

图3-13　模型A在R4工况(PGA = 0.59g)下的破坏情况

a)底层墙脚混凝土压碎，钢筋屈曲

b)第2层墙体破坏

图　3-14

c) 顶层墙体端部破坏

d) 顶层B2柱端破坏

图 3-14　模型 B 在 R4 工况(PGA = 0.59g)下的破坏情况

a) 底层C3柱节点区破坏

b) 底层B2柱底混凝土压碎，钢筋屈曲

c) 第2层B2柱端破坏

d) 第3层B2柱端破坏

图 3-15　模型 A 在 R5 工况(PGA = 0.66g)下的破坏情况

模型 B(θ_{max} = 1/28)墙体四角混凝土压碎面积进一步扩大,并以顶层墙体破坏最为严重。框架柱整体破坏较轻,底层一处框架柱脚混凝土压碎,钢筋外露,顶层多数框架柱端出现小块混凝土脱落,如图 3-16 所示。

a）底层墙体混凝土压碎面积扩大

b）底层C3柱底混凝土压碎

c）顶层A2柱端破坏

d）第3层B1柱端破坏

图 3-16　模型 B 在 R5 工况（PGA = 0.66g）下的破坏情况

在 R6 工况（PGA = 0.91g）结束后，模型 A（θ_{max} = 1/19）已接近倒塌，底部两层绝大多数柱端和柱底严重破坏，混凝土压碎，柱有效截面严重削弱，钢筋屈曲（图 3-17）。原型结构玉树武警支队二中队营房在玉树地震中位于Ⅸ度区，与 R6 工况的地震动强度相当，模型 A 的破坏程度与图 3-18 中原型结构的破坏程度也基本一致。

a）底层B3柱端严重破坏

b）底层B3柱底混凝土压碎，钢筋屈曲

图　3-17

c)底层B2柱底严重破坏

d)第2层B3柱底混凝土压碎

图 3-17　模型 A 在 R6 工况(PGA = 0.91g)下的破坏情况

a)底层严重破坏，出现较大侧移

b)底层柱端破坏

图 3-18　玉树武警支队二中队营房底层严重破坏

模型 B(θ_{max} = 1/20)顶层破坏最为严重(图 3-19),墙体裂缝接近贯通,框架柱端混凝土剥落,出现侧移,底部两层破坏并不严重,仅少数框架柱出现较小块混凝土脱落。

a)顶层阶梯墙破坏

b)顶层柱端破坏

图 3-19　模型 B 在 R6 工况(PGA = 0.91g)下的破坏情况

3.5　模型模态参数

3.5.1　模态参数测试方法

选取研究常用,频谱成分丰富的 El-Centro 波作为输入地震动,其为 1940 年美国 Imperial 山谷地震记录,持时 53.73s,南北向加速度峰值为 341.7cm/s^2。按照时间相似关系,压缩为原波的 1/3 时长,见图 3-8。本次试验采用脉动法测得模型自振频率,采用初位移释放法测得模型阻尼比。采集仪采用 SigLab20-42 型数据采集仪,传感器采用 941B 型压电传感器,并分别布置在两个模型屋面上,如图 3-20 所示。

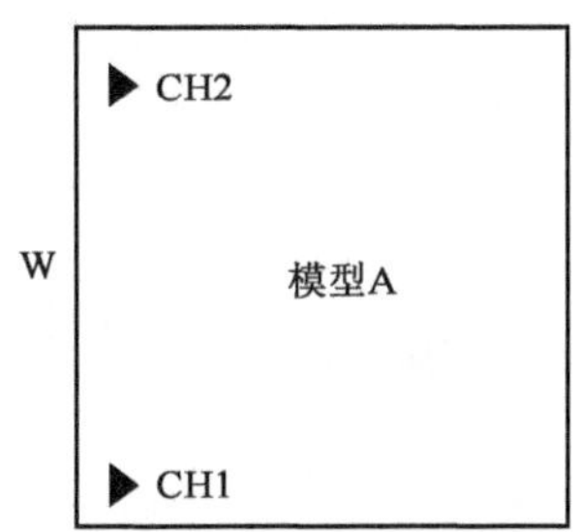

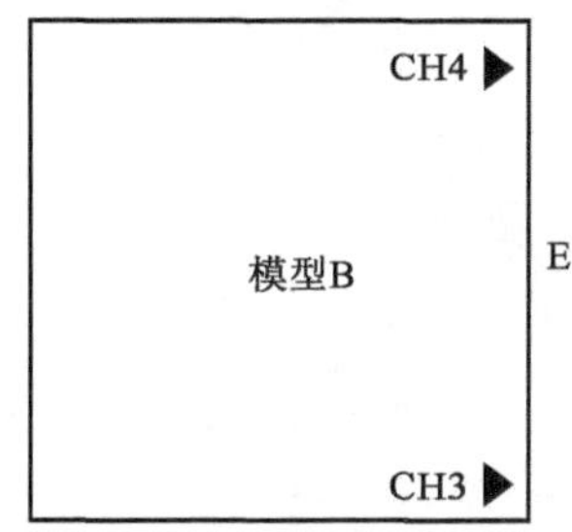

图 3-20　传感器布置图

脉动测试也可称作环境激励测试,是指对环境随机干扰而引起的结构的脉动响应进行测试[10-11]。本次试验利用布置在模型顶层的传感器测得由振动台台面微幅随机振动引起的结构响应时域信号和频域信号,通过读取自功率谱峰值得到两个模型的自振频率。图 3-21a)为振动台试验开始前模型 A 的自功率谱,图 3-21b)为模型 B 的自功率谱。从而获得模型 A 初始状态下的基频为 5.06Hz,模型 B 初始状态下的基频为 6.82Hz。

采用初位移释放法测模型阻尼比的基本原理如下:

假设所研究的振动系统简化为 n 个自由度的黏性阻尼系统。各阶模态阻尼比比较小($\xi_i \leqslant 0.2$)。在初始阶跃激励作用下,该系统任一物理坐标的自由衰减振动的时间历程为:

$$x(t) = \sum_{i=1}^{n} A_i e^{-\sigma_i t} \sin(\omega_{di} t + \varphi_i) \tag{3-4}$$

式中:ω_{di}、σ_i、φ_i——分别是该系统第 i 阶模态的有阻尼振动的固有圆频率、衰减系数和初相位;

A_i——第 i 阶模态振动中,与此物理坐标相对应的幅值系数。

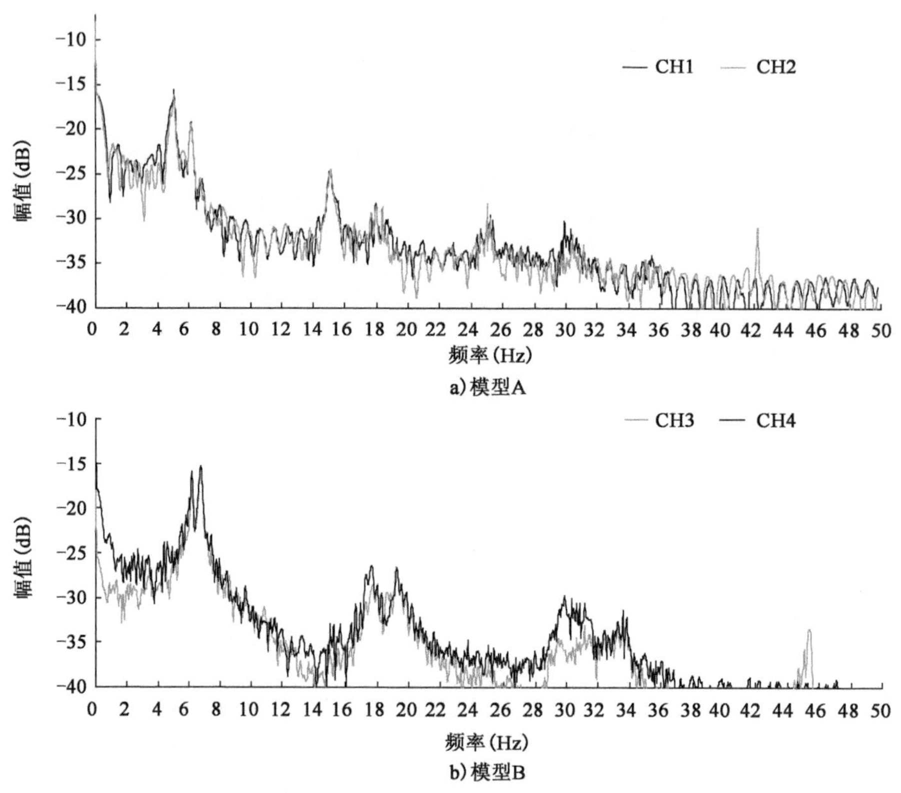

图 3-21　两个模型未振前的自功率谱

ω_{di}——与该系统的第 i 阶固有圆频率 ω_i 的关系为：

$$\omega_{di} = \sqrt{\omega_i^2 - \sigma_i^2} = \omega_i \sqrt{1 - \xi_i^2} \tag{3-5}$$

由于 ξ_i^2 比较小，可以认为 $\omega_{di} = \omega_i$。如果该系统的各阶模态属于离散型，那么，当它自由衰减振动的频率落在第 i 阶固有频率附近时，在式(3-4)中，第 i 阶的模态振动 $x_i(t)$ 对 $x(t)$ 的贡献是主要的，其他各阶模态振动对它的影响比较小，可以忽略。式(3-4)可写作：

$$x(t) \approx x_i(t) = A_i e^{-\sigma_i t}\sin(\omega_i t + \varphi_i) \quad i = 1,2,\cdots\cdots n \tag{3-6}$$

它的定义域为 $t \geqslant 0$。当 $t < 0$ 时，$x_i(t) = 0$。傅立叶变换 $F(\omega)$ 的幅值谱 $|F(\omega)|$ 和功率谱 $G_x(\omega)$ 分别为：

$$F(\omega) = \frac{A_i\omega_i(\omega_i^2 - \omega^2 + \sigma_i^2) - A_i\omega_i(2j\sigma_i\omega)}{(\omega_i^2 - \omega^2 + \sigma_i^2)^2 + 4\sigma_i^2\omega^2} \tag{3-7}$$

$$|F(\omega)| = \sqrt{F(\omega) \times F^*(\omega)} \tag{3-8}$$

$$G_x(\omega) = F(\omega) \times F^*(\omega) = \frac{A_i^2 \omega_i^2}{(\omega_i^2 - \omega^2 + \sigma_i^2)^2 + 4\sigma_i^2\omega^2} \tag{3-9}$$

令 $\omega : \omega_i = \Omega$、$\sigma_i : \omega_i = \xi_i$，则：

$$G_x(\Omega) = \frac{A_i^2}{\omega_i^2} \times \frac{1}{(1 - \Omega^2 + \xi_i^2)^2 + 4\xi_i^2\Omega^2} \tag{3-10}$$

在自功率谱中，第 i 阶固有频率附近的第 $k-1$ 和第 k 个谱线的自功率谱密度 $G_x(\Omega_{k-1})$、$G_x(\Omega_k)$ 由式(3-10)计算，它们的比值用 γ 表示：

$$\gamma = G_x(\Omega_{k-1}) : G_x(\Omega_k) \tag{3-11}$$

将式(3-10)代入式(3-11)，整理得到一个标准的四次方程式：

$$P\xi^4 + Q\xi^2 + R = 0 \tag{3-12}$$

其中：

$$\left.\begin{aligned} P &= (1 - \gamma) \\ Q &= 2[(1 + \Omega_k^2) - \gamma(1 + \Omega_{k-1}^2)] \\ R &= (1 - \Omega_k^2)^2 - \gamma(1 - \Omega_{k-1}^2)^2 \end{aligned}\right\} \tag{3-13}$$

方程(3-12)的正实根就是振动系统的第 i 阶模态阻尼比 ξ_i：

$$\xi_i = \sqrt{\frac{-Q \pm \sqrt{Q^2 - 4PR}}{2P}} \tag{3-14}$$

由此得出模型阻尼比的计算关系式。图 3-22 为两个模型初始状态下自由衰减振动的位移时程响应和响应的自功率谱曲线。基于式(3-14)得到初始状态下，模型 A 的一阶阻尼比为 2.4%，模型 B 的一阶阻尼比为 1.3%。

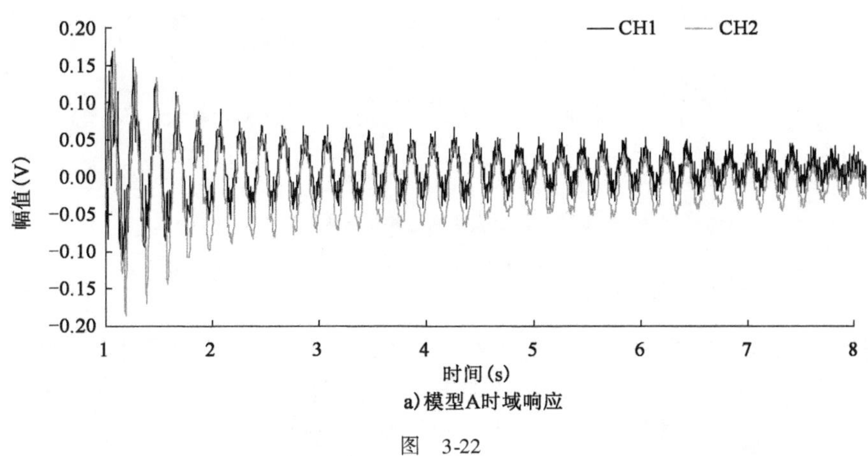

a)模型A时域响应

图　3-22

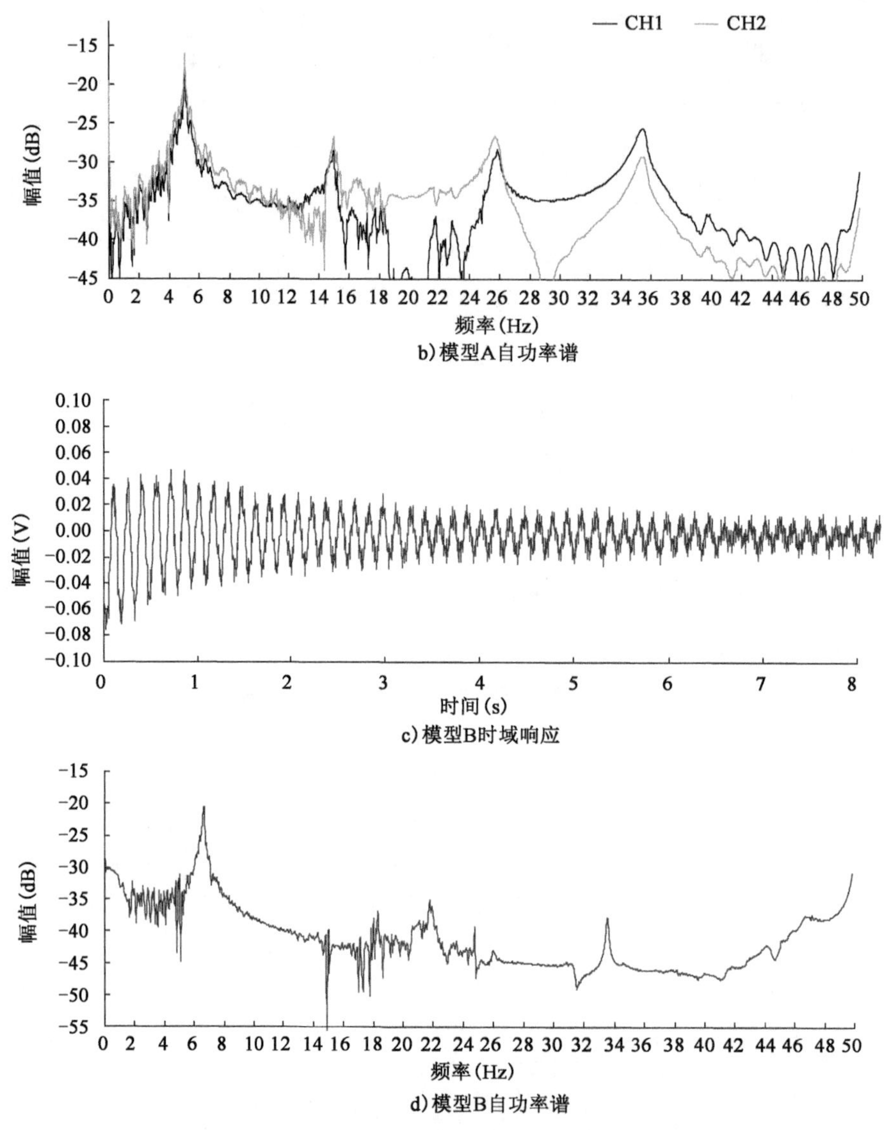

b)模型A自功率谱

c)模型B时域响应

d)模型B自功率谱

图 3-22　两个模型初位移释放响应

3.5.2　模型模态参数变化

在每次工况输入后均利用上述方法测量模型的自振频率和阻尼比,结果见表 3-8。图 3-23 给出了两个模型基频随输入地震动强度加大而衰减的规律。基频的衰减代表了结构刚度的降低,从图中可见,两个模型基频的衰减规律和衰减幅度基本一致，但不同之处在于模型 A 刚度的降低源于框架柱的损伤，而模型 B 刚度的降低主要源于阶梯墙的损伤。阶梯墙的损伤仅会导致结构水平刚度的降低，对竖向承载力没有影响，而框架柱的损伤是导致结构倒塌的直接因素。模型 B 的损伤机制显然比模型 A 要合理许多。

模型自振频率及阻尼比变化　　表 3-8

PGA	频率(Hz)		阻尼比(%)	
	模　型　A	模　型　B	模　型　A	模　型　B
试验前	5.06	6.82	2.4	1.3
0.08g	4.69	6.38	6.0	4.0
0.26g	2.88	4.38	9.5	7.1
0.46g	2.72	3.97	12.4	10.2
0.59g	2.41	3.47	11.7	10.3
0.66g	2.36	3.16	13.2	12.0
0.91g	2.03	2.72	13.6	13.1

图 3-24 给出了两个模型一阶阻尼比随输入地震动强度的变化规律。从图中可见，两个模型一阶阻尼比均随着输入 PGA 的增大而增大，随着地震动强度的提高，阻尼比增大的幅度逐渐变缓。这是由于随着结构非线性程度的增加，刚度退化幅度变缓，结构反应的滞回面积增幅变慢。

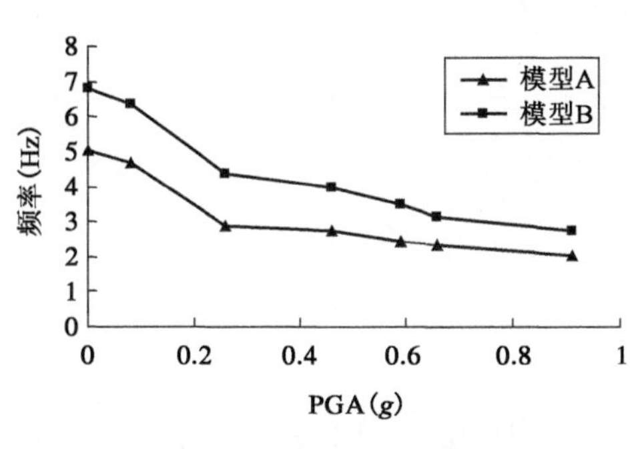

图 3-23　两个模型基频变化

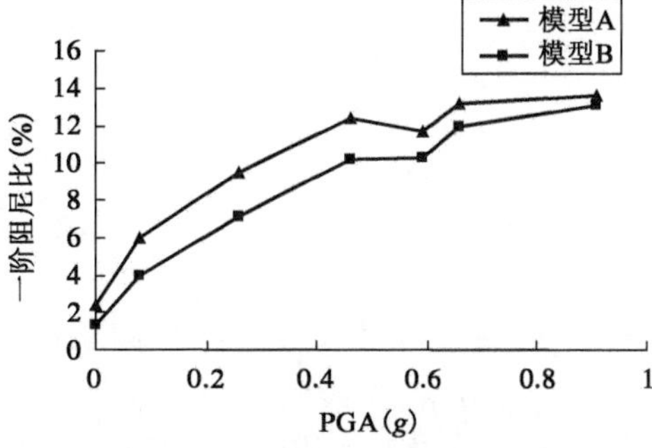

图 3-24　两个模型一阶阻尼比变化

基频和刚度的降低反映了结构的损伤，而结构的破坏程度与最大层间位移角有着紧密的联系。通过模态测试可以很容易地获得结构的基频。想要通过测得的结构基频判断结构的破坏程度，就需要在结构基频与最大层间位移角之间建立联系。本章利用测得的试验数据,并搜集整理了另外10次钢筋混凝土结构振动台试验的结果回归出了框架结构、框架剪力墙结构和钢筋混凝土结构(框架结构+框架剪力墙结构)的频率降低幅度与最大层间位移角之间的经验关系。表3-9为10次试验的基本信息。式(3-15)为框架结构的经验关系,式(3-16)为框架剪力墙结构的经验关系,式(3-17)为钢筋混凝土结构的经验关系。

统计的振动台试验基本信息 表3-9

序号	模型	层数	几何相似比	文献来源
1	框架结构	4	1/4	文献[12]
2	框架结构	5	1/4	文献[12]
3	框架结构	4	1/5	文献[13]
4	框架结构	3	1/2	文献[14]
5	框架结构	3	1/3.3	文献[15]
6	框架剪力墙结构	9	1/6	文献[16]
7	框架剪力墙结构	7	1/5	文献[17]
8	框架剪力墙结构	7	1/10	文献[18]
9	框架剪力墙结构	7	1/10	文献[18]
10	框架剪力墙结构	7	1/10	文献[18]

$$\alpha_f = \frac{1}{0.539\theta_{max}^{0.650} + 1} \tag{3-15}$$

$$\alpha_f = \frac{1}{0.819\theta_{max}^{0.689} + 1} \tag{3-16}$$

$$\alpha_f = \frac{1}{0.667\theta_{max}^{0.615} + 1} \tag{3-17}$$

式中:α_f——当前基频与初始基频比;

θ_{max}——结构最大层间位移角,mm。

图3-25为结构频率衰减幅度与最大层间位移角关系曲线。从图中可见,框架结构与框架剪力墙结构具有较为一致的变化趋势。而在相同频率衰减幅度条件下,框架结构比框架剪力墙结构具有更大的层间位移角。上述经验关系可用于多层钢筋混凝土结构的损伤识别。

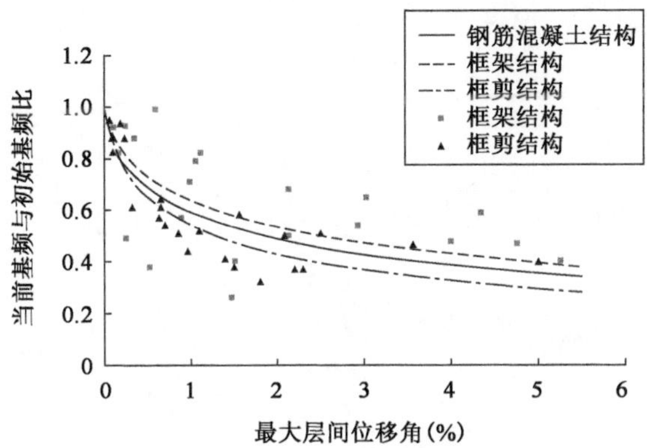

图 3-25　频率衰减幅度与最大层间位移角回归关系

3.6　模型加速度反应

通过布置在各层的加速度计,获得了两个模型在不同工况下各层的加速度时程曲线。本节仅列出 R5 工况(PGA = 0.66g)下模型的加速度时程曲线和相应的楼层反应谱曲线,如图 3-26 所示。

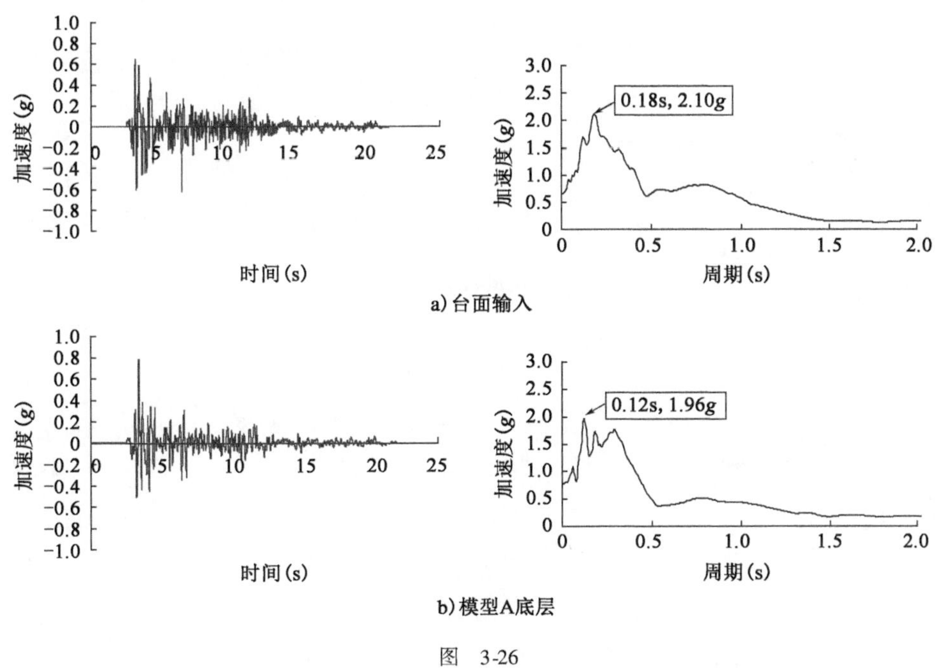

图　3-26

加速度(g)
时间(s)
加速度(g)
周期(s)
0.19s, 2.06g
c)模型A第2层
0.23s, 1.54g
d)模型A第3层
0.18s, 2.68g
e)模型A顶层
0.12s, 1.83g
f)模型B底层

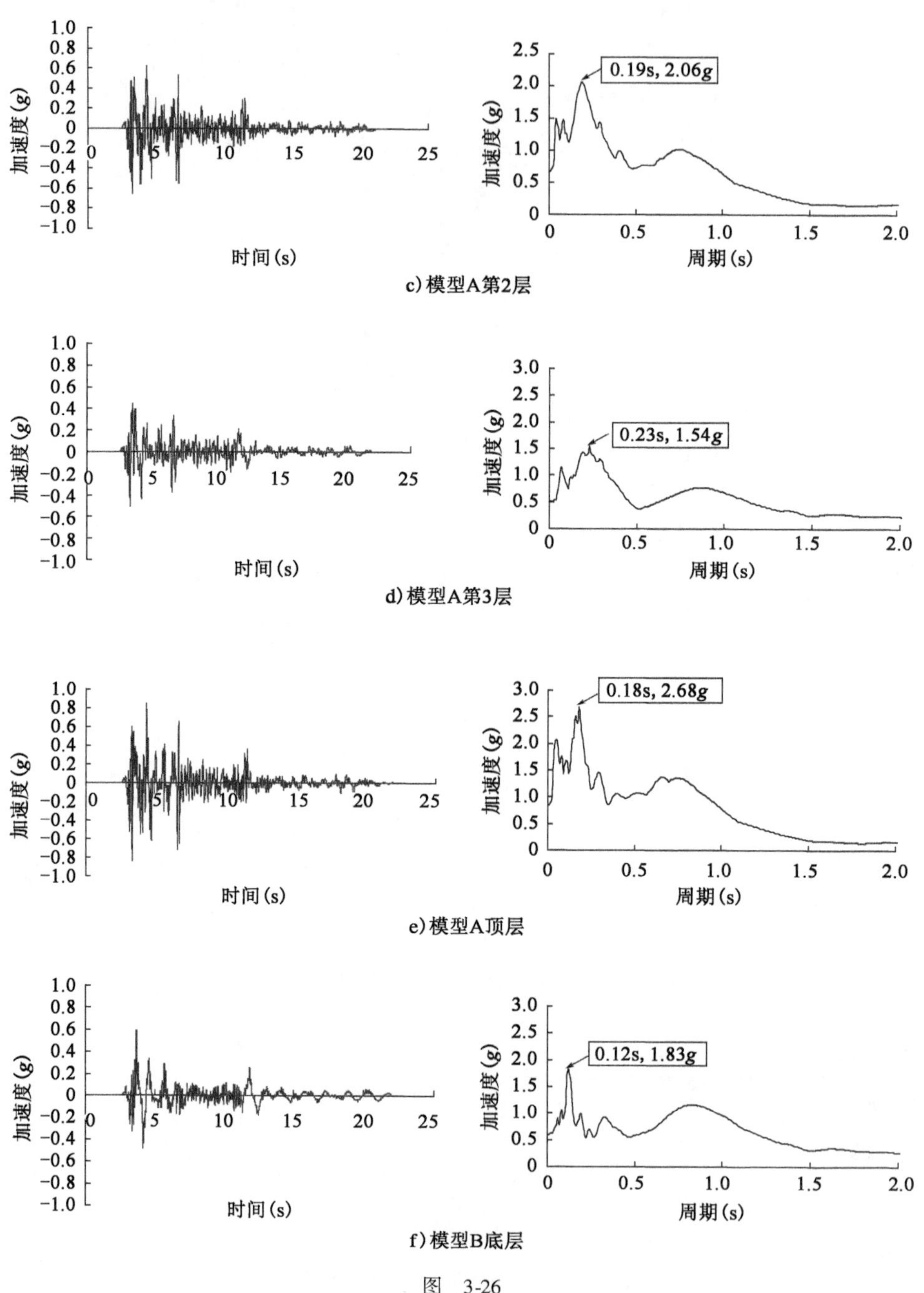

图 3-26

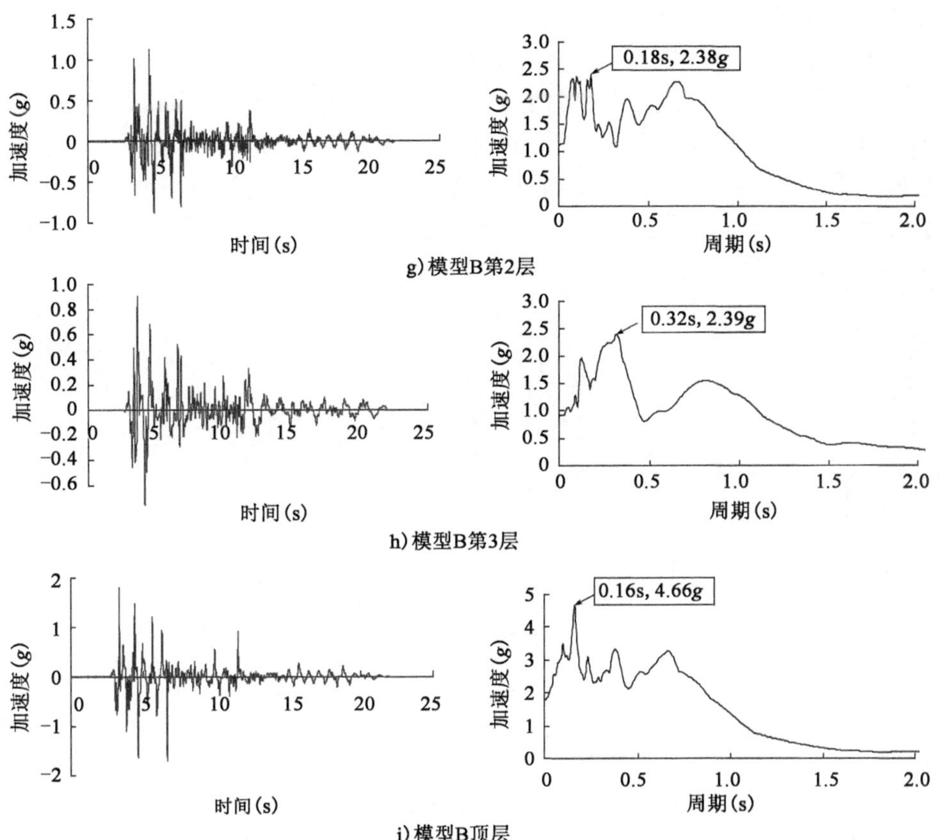

图 3-26　模型各楼层加速度时程曲线和相应的楼层反应谱曲线(PGA = 0.66g)

结构各层加速度放大系数是反映结构动力特性的重要参数,第 i 层的加速度放大系数 A_i 可以定义为:

$$A_i = \frac{\max[\ddot{x}_i(t)]}{\max[\ddot{x}_g(t)]} \tag{3-18}$$

式中:$\ddot{x}_g(t)$——台面加速度时程;

$\ddot{x}_i(t)$——第 i 层加速度时程。

图 3-27 给出了两个模型在不同工况下的各层加速度放大系数。由于增设了阶梯墙,模型 B 的等效抗侧刚度比模型 A 提高了约 35%,因此模型 B 的加速度放大系数高于模型 A。在 R1 工况(PGA = 0.08g)下,模型 B 顶层加速度放大系数与模型 A 相比,高 20% 左右。随着输入 PGA 的增大,两个模型各层加速度放大系数均在减小,这是由于结构抗侧刚度的降低以及能量耗散的增大导致的。

但模型 A 的衰减速度和幅度明显快于模型 B,在 R3 工况(PGA = 0.46g)下,模型 A 底部三层的加速度放大系数已接近 1;在 R6 工况(PGA = 0.91g)下,模型 A 底部三层的加速度放大系数已远小于 1,表明此时结构已发生严重破坏,抗侧刚度显著削弱。从试验破坏现象上看,此时模型 A 底层柱端混凝土压碎,有效截面严重削弱,部分纵筋屈曲,呈现典型的“柱铰机制”。而模型 B 的加速度放大系数衰减速度明显小于模型 A,从宏观破坏现象上看,其破坏程度也显著低于模型 A,表明其具有更好的抗震能力。

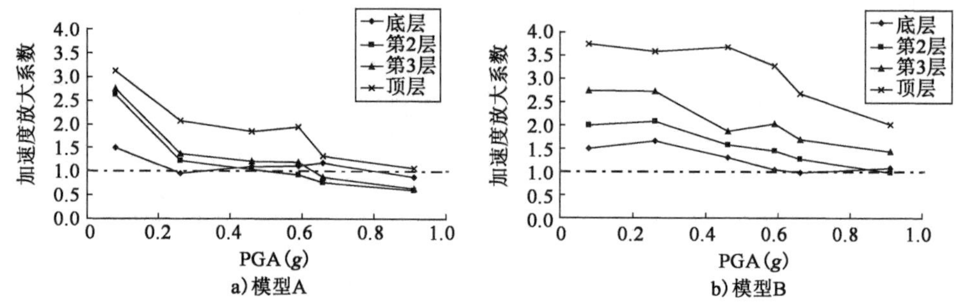

图 3-27　两个模型不同工况下各层的加速度放大系数

3.7　模型位移反应

层间变形的大小和集中程度与结构的破坏倒塌模式有着非常直接的关系。图 3-28 给出了两个模型在不同大小地震动峰值激励下的层间位移包络值。从图中可以直观发现,模型 A 底部楼层层间变形显著大于上部楼层,而模型 B 各层的层间变形更加平均,数值更小,并有楼层越高变形越大的趋势。宏观震害也反映了这个情况,模型 A 底层破坏显著重于上部楼层,成为薄弱层,并最终率先倒塌,引发了整个结构的完全坍塌。模型 B 各层破坏较为平均,未出现明显薄弱层,仅在 R6 极震工况时,顶层出现较严重破坏。从中可见,在钢筋混凝土框架结构中附加一定的阶梯墙可以显著降低变形的集中程度,防止薄弱层的产生,大大提高钢筋混凝土框架结构的抗倒塌能力。

表 3-10 给出了两个模型在不同工况下的各层层间位移角。从表中可见,模型 B 的最大层间位移角在 R1 ~ R5 工况远小于模型 A;模型 A 的最大层间位移角全部来自底部两层,在高强度的 R5、R6 工况则全部来自底层;模型 B 的最大层间位移角基本都来自顶层,这主要是由于在设计模型的时候,未能很好地考虑强非线性阶段下阶梯墙的刚度设置,导致顶层墙体稍微薄弱。这也是在 R6 工

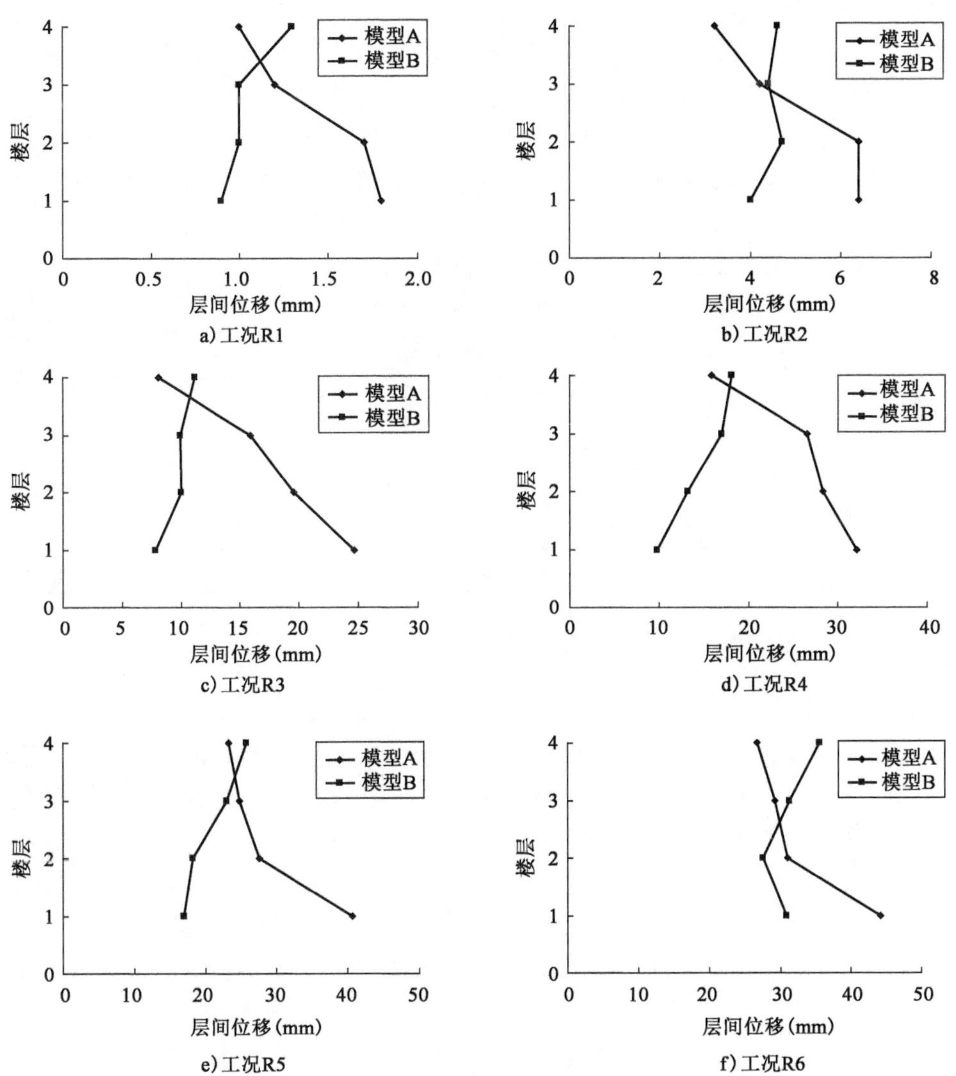

图 3-28　两个模型不同工况下各层层间位移

况中,模型 B 顶层层间位移角也较大、破坏较严重的原因。

R1 工况下,模型 A 最大层间位移角达到 1/417,已大于《建筑抗震设计规范》(GB 50011—2010)规定的框架结构弹性层间位移角限值——1/550,却尚未开裂。这是由于《建筑抗震设计规范》(GB 50011—2010)对弹性层间位移角限值的规定是考虑了装修材料等非主体结构发生开裂的限值,较为严格,而实际主体结构发生开裂的层间位移角完全可能大于 1/550。模型 B 在 R1 工况下,最大层间位移角达到 1/556，大于《建筑抗震设计规范》（GB 50011—2010）规定的框架剪力墙结构弹性层间位移角限值——1/800，却尚未开裂。这是由于顶层阶梯墙高度为 720mm，宽度仅为 200mm，高宽比较大，已基本不属于普通的框架剪力墙体系，接近纯框架体系，所以层间位移角达到 1/556 却未发现裂缝。另外由于模型未设置填充墙，抗侧刚度要小于实际的填充墙框架结构抗侧刚度，所以在 R1 和 R3 工况下模型的位移反应均大于《建筑抗震设计规范》（GB 50011—2010）对框架结构在小震和大震下层间位移角限值要求。

两个模型不同工况下各层层间位移角　　表 3-10

工况	层间位移角							
	模型 A				模型 B			
	底层	第 2 层	第 3 层	顶层	底层	第 2 层	第 3 层	顶层
R1	1/476	1/417	1/588	1/714	1/909	1/714	1/714	1/556
R2	1/132	1/112	1/172	1/227	1/208	1/154	1/164	1/156
R3	1/34	1/37	1/45	1/88	1/108	1/72	1/72	1/64
R4	1/26	1/25	1/27	1/45	1/85	1/55	1/42	1/40
R5	1/21	1/26	1/29	1/31	1/50	1/40	1/31	1/28
R6	1/19	1/23	1/25	1/27	1/27	1/26	1/23	1/20

模型 A 在 R6 工况下已接近倒塌，模型最大层间位移角达到 1/19 左右，远超过《建筑抗震设计规范》（GB 50011—2010）规定的弹塑性层间位移角限值——1/50，但与 FEMA HAZUS99 Technical Manual[19-21] 中按高延性抗震设计的框架结构倒塌临界层间位移角（0.0533）较为接近。因我国《建筑抗震设计规范》（GB 50011—2010）规定的 1/50 并不是结构发生倒塌的临界层间位移角，而是包含一定安全储备在内的用于工程设计的准则。

3.8 模型动力反应分析

3.8.1 模型剪力系数

楼层 i 的剪力系数 λ_i 定义为：

$$\lambda_i = \frac{V_{\mathrm{EK}i}}{\sum_{j=i}^{n} G_j} \tag{3-19}$$

式中：$V_{\mathrm{EK}i}$——楼层 i 的层间剪力，N；

G_j——楼层 j 的重力荷载代表值，kN/m^2；

n——总层数。

图 3-29 给出了两个模型在不同强度地震动输入工况下的剪力系数变化。整体上，模型 B 的剪力系数要大于模型 A，这是由于模型 B 具有更大的刚度，因此加速度放大系数也相应更大些。随着输入 PGA 的增大，两个模型的剪力系数也基本呈现增大的趋势，但模型 A 的剪力系数在 R4 工况（PGA = 0.59g）后开始出现下降趋势，表明此时模型 A 已发生严重塑性破坏，刚度和承载力退化严重，地震力传递受限。

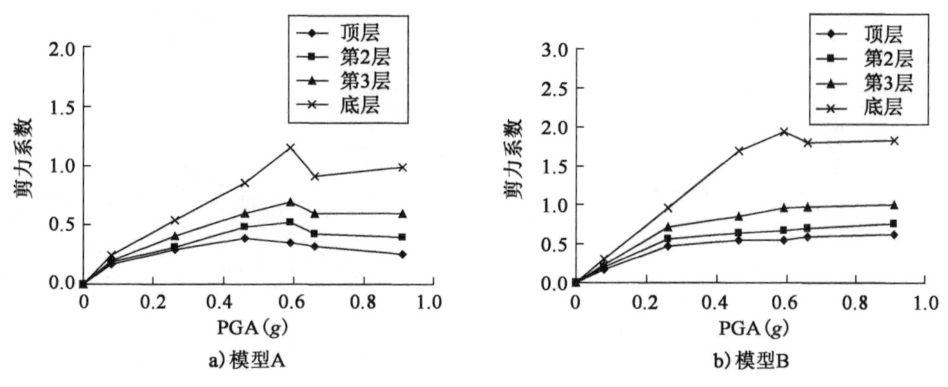

图 3-29　两个模型不同工况下剪力系数变化

3.8.2　模型能力曲线

基于试验测得的模型各层加速度时程曲线，乘以相应楼层质量累加后可以获得模型基底剪力的时程曲线，进一步可以得到两个模型在不同工况下基底剪力与顶点位移的滞回关系，如图 3-30 所示。从图中可见，模型 A 在 PGA = 0.26g 前，滞回曲线较为细长，非线性程度不显著；在 PGA = 0.46g 后开始出现较大滞回环并且刚度出现显著退化，表明模型此时进入强非线性阶段，出现明显塑性变形。从宏观破坏现象上看，此时结构个别柱端出现小块混凝土脱落，底层个别柱底出现小块混凝土压溃现象，试验测得最大层间位移角达到 1/34。在后续工况，结构刚度进一步退化，位移反应进一步加大。模型 B 的滞回曲线变化较为稳定，在 PGA = 0.66g 前，能够保有基本的抗侧刚度，在 PGA = 0.91g 时出现较大滞回环，刚度出现明显退化。从宏观现象上看，模型在 PGA = 0.66g 前，破坏主要集中在阶梯墙四角的压溃，框架柱损伤不明显；在 PGA = 0.91g 时，模型顶层出现较大侧移，出现关键性破坏。

基于各工况测得的基底剪力和顶点位移的包络值，可以获得两个模型的能力曲线,如图3-31所示。从图中可以直观发现,模型A在R3工况后能力曲线出现下降段,而增设阶梯墙后的模型B明显具有更好的抗震能力。

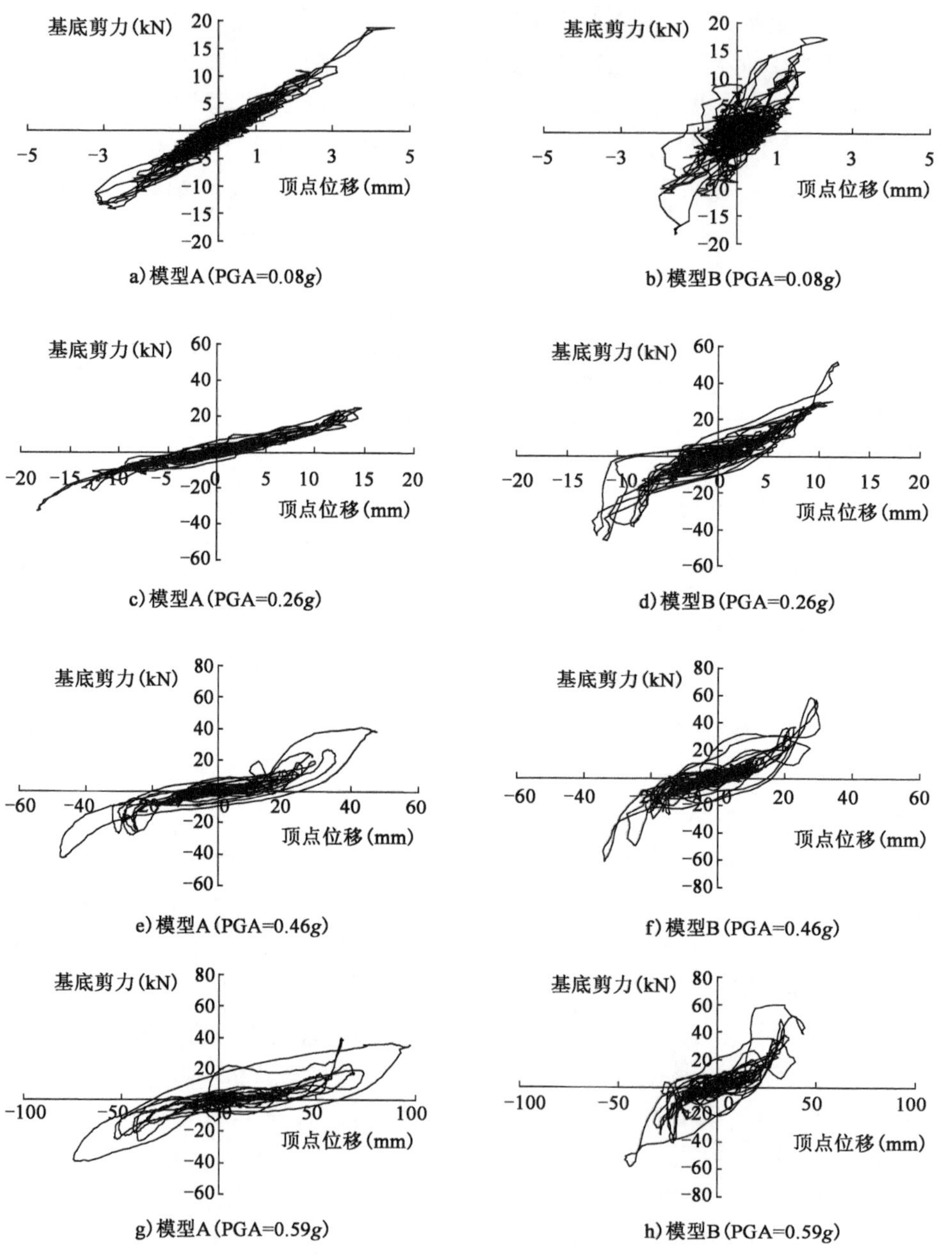

图 3-30

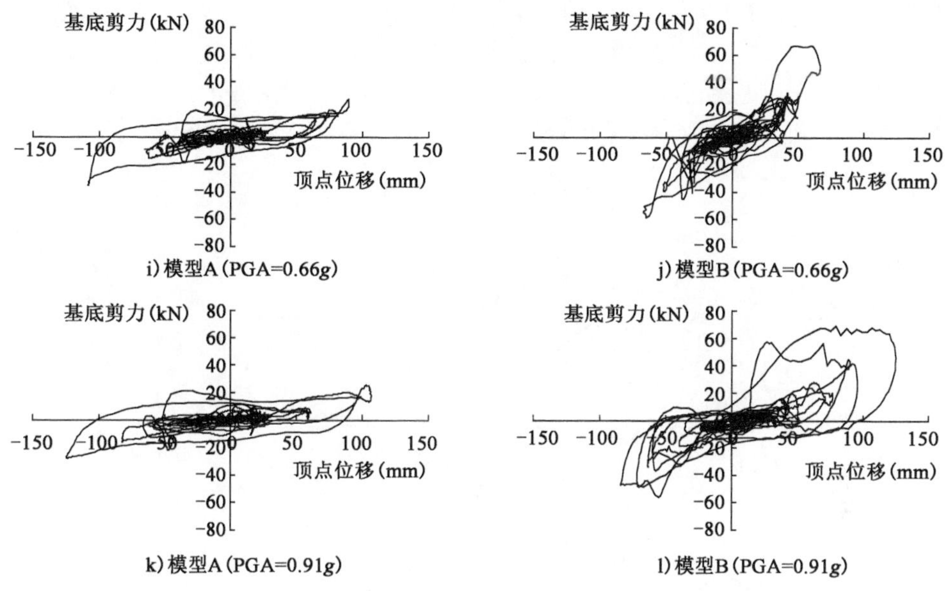

图 3-30　两个模型不同工况下基底剪力和顶点位移滞回关系

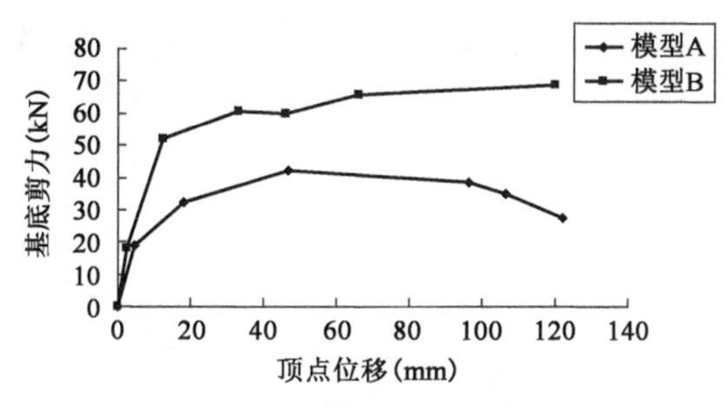

图 3-31　两个模型的能力曲线

3.9　数值模拟和分析

3.9.1　数值模拟

利用数值模拟方法进行进一步分析研究的前提是建立合理的结构数值模型,以保证结果的可靠性和有效性[22-24]。采用有限元分析程序 IDARC-2D 对两个模型在 R5 工况下的结构整体反应进行全过程模拟。混凝土构件的恢复力模型采用 Park 三参数模型,使用刚度退化系数(HC)、强度退化系数(HBD,HBE)、捏缩效应系数(HS)和三折线骨架曲线来综合反映结构的滞回规则。基于模型材料试验，采用的分析用混凝土和钢筋本构如图 3-32 所示。R5 工况下，结构已进入强非线性阶段，两个模型底层、顶层加速度和位移时程曲线数值模拟与试验结果的对比分别见图 3-33 和图 3-34。图 3-35 为模拟与试验的层间剪力和底层层间剪力-层间位移曲线对比，两个模型中间榀框架塑性铰分布见图 3-36。

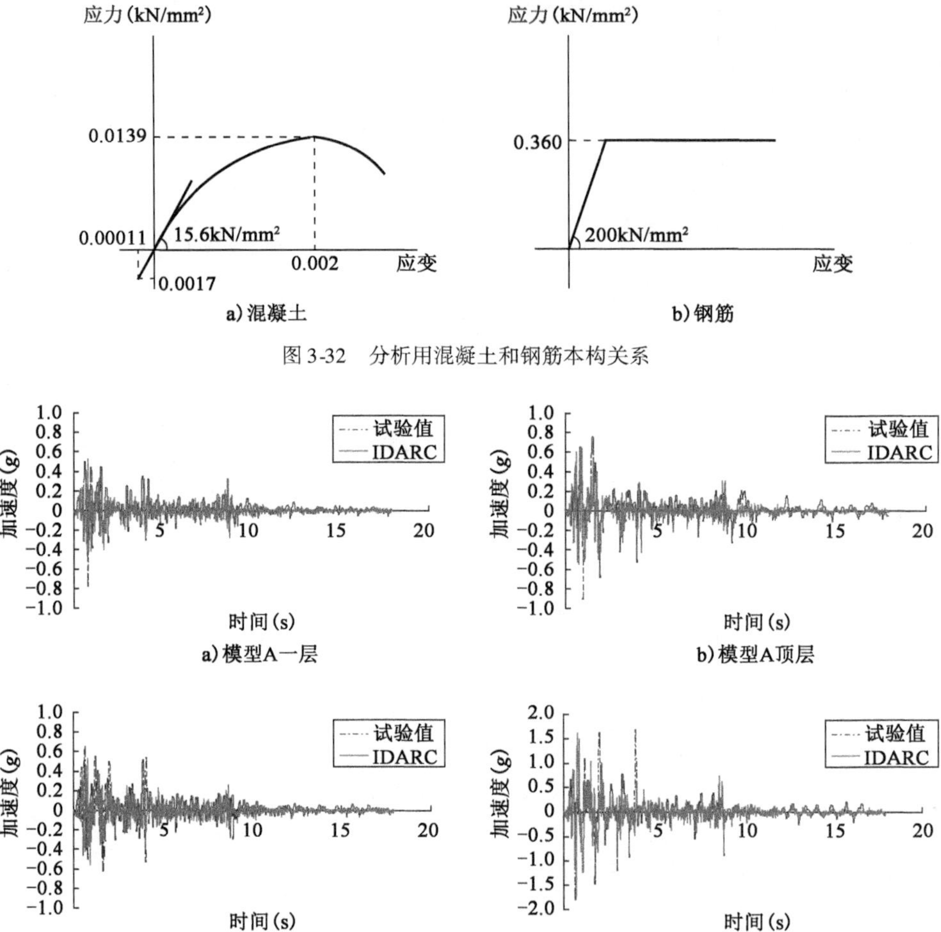

图 3-32　分析用混凝土和钢筋本构关系

图 3-33　R5 工况下两个模型加速度时程数值模拟与试验结果对比

从以上各图可见，IDARC 的模拟结果与试验值相差不大，误差在一定的范围内，基本可再现试验结构的位移幅值反应。误差的原因可能来自多个方面，比如试验用拉线位移计的测量误差、试验中的偶然因素、分析模型中的简化和逐步积分法的累计误差都是造成模拟结果与试验值有一定差别的原因。但总体上，数值模拟可以基本反映出结构的变形趋势，可作为进一步分析的可靠手段。

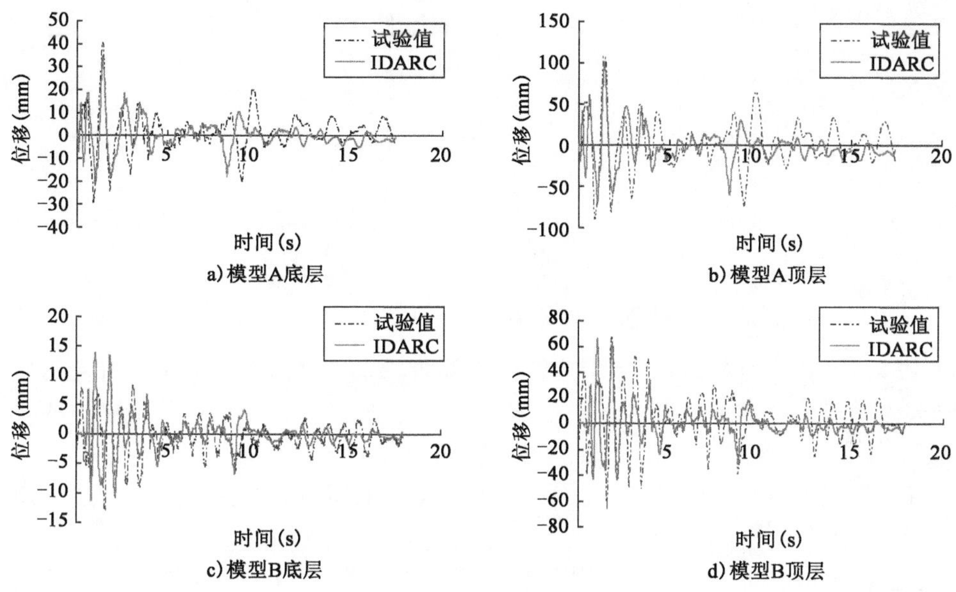

图 3-34　R5 工况下两个模型位移时程数值模拟与试验结果对比

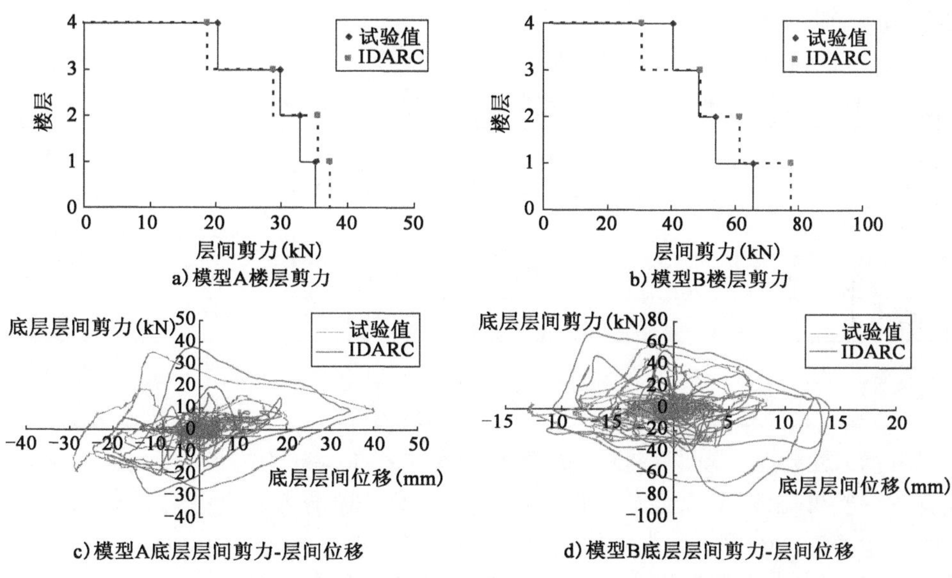

图 3-35　R5 工况下模型楼层剪力和底层层间剪力-层间位移数值模拟与试验结果对比

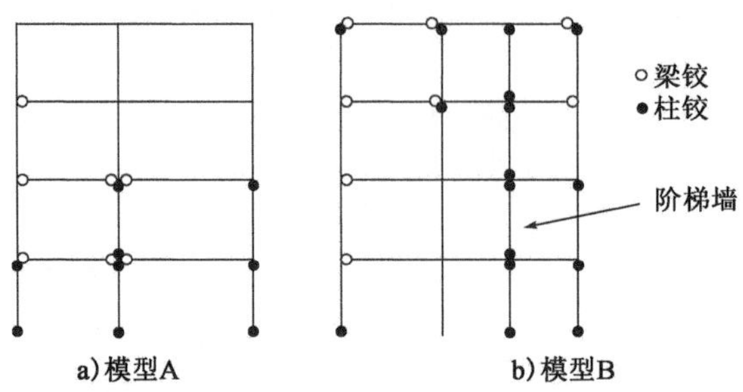

图 3-36 R5 工况下两个模型塑性铰分布图

3.9.2 修正后模型位移反应分析

试验中,按弹性初步设计的模型 B 顶部阶梯墙在强非线性阶段,刚度稍显薄弱,本节首先对试验中阶梯墙各层宽度进行合理修正,而后利用数值模拟的方法验证修正后模型(简称模型 C)的各层层间变形情况。

R5 工况下,通过试验测得的加速度值和位移值可以算出两个模型各层的最大层间剪力和层间位移,进一步得出各层的层间刚度,见表 3-11。两个模型层间刚度之差即为阶梯墙所贡献的层间刚度,既而可以回归得出阶梯墙所贡献的层间刚度与墙宽的经验关系,见式(3-20)和图 3-37。

$$B = 86.35K + 173.63 \tag{3-20}$$

式中:B——阶梯墙墙宽,mm;

K——阶梯墙贡献的层间刚度,kN/mm。

R5 工况下模型层间剪力、位移、刚度包络值 表 3-11

楼层	模型 A			模型 B		
	剪力(kN)	位移(mm)	刚度(kN/mm)	剪力(kN)	位移(mm)	刚度(kN/mm)
1	61.2	40.7	1.5	91.1	17.0	5.4
2	40.0	27.7	1.4	73.4	18.2	4.0
3	28.9	24.8	1.2	54.7	23.0	2.4
4	15.8	23.4	0.7	30.7	25.8	1.2

现以 R5 工况下模型 B 底层的最大层间位移 17mm 为控制目标,通过合理设置各层阶梯墙的墙宽,使得结构各层层间变形更加均匀。模型 C 的剪力分布按照试验 R5 工况下对模型 B 的实测值,即第 1 ~ 4 层分别为 91.1kN、73.4kN、54.7kN、30.7kN,可算出模型 C 第 1 ~ 4 层的层间刚度需求值分别为 5.4kN/mm、4.3kN/mm、3.2kN/mm、1.8kN/mm。减去框架柱贡献的层间刚度(即模型 A 的

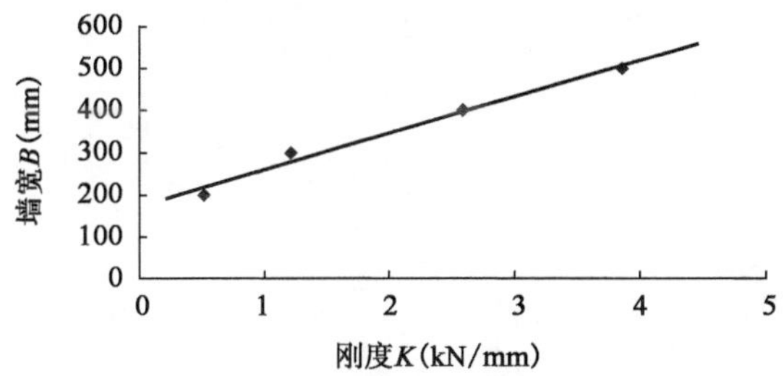

图 3-37　墙宽与墙体贡献刚度经验关系

层间刚度)可算出阶梯墙贡献的层间刚度需求值分别为 3.9kN/mm、2.9kN/mm、2.0kN/mm、1.1kN/mm。利用式(3-20)可算得阶梯墙底层至顶层的墙宽需求值分别为 500mm、413mm、344mm、267mm。

现采用 IDARC-2D 对模型 C 进行 R5 工况($a_{max}=0.66g$)下的弹塑性时程分析,得到各层的层间位移时程曲线,见图 3-38。

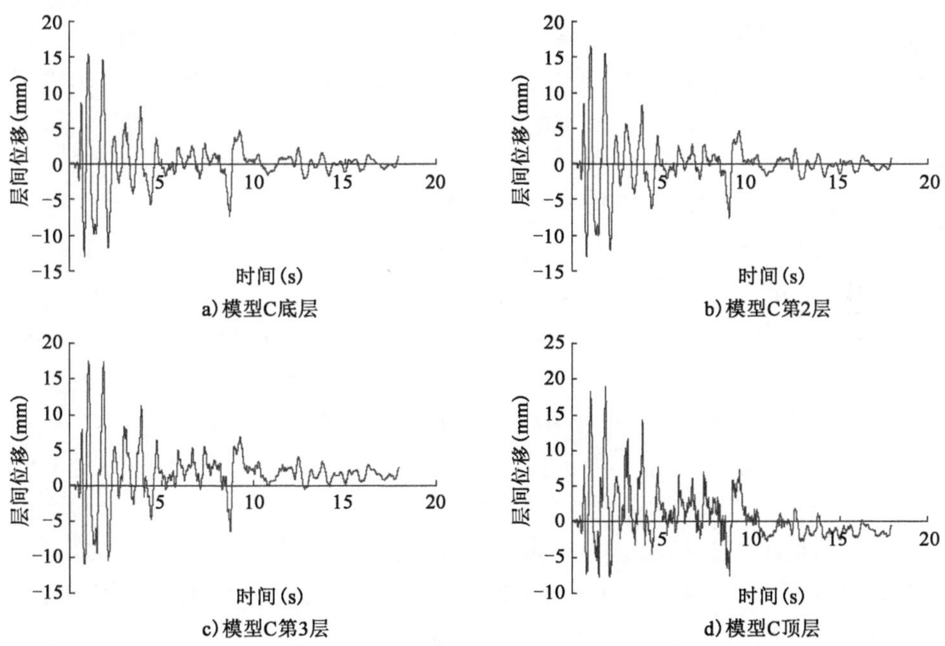

图 3-38　模型 C 在 R5 工况下各层层间位移时程曲线

图 3-39 给出了三个模型在 R5 工况下的各层最大层间位移包络值,从图中可见,通过合理地设置各层阶梯墙的刚度,阶梯墙可以对整个钢筋混凝土框架结构的变形模式起到非常好的控制作用,实现结构各层损伤的平均化,最大限度地

消耗地震能量，大大提高了钢筋混凝土框架结构的抗震性能。

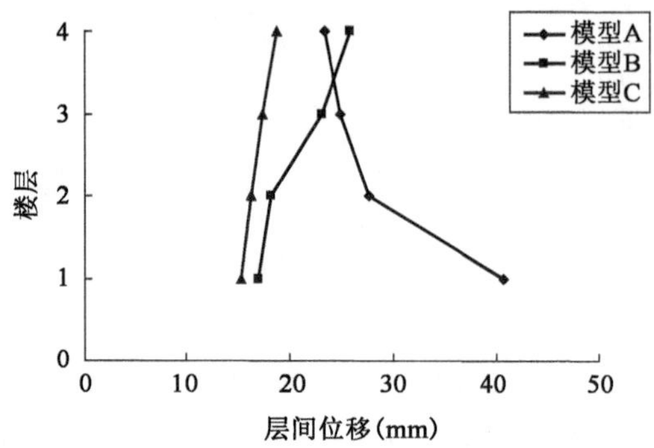

图 3-39　R5 工况下三个模型最大层间位移包络值

3.10　本章小结

为检验第 2 章提出的阶梯墙体系对钢筋混凝土框架结构抗震能力的改善效果，研究该种结构类型的抗震性能特点和破坏模式等问题，本章进行了一个纯框架结构和一个框架阶梯墙结构模型的振动台对比试验。详细分析了两种结构类型模型在设计小震、中震、大震以及更高强度的地震作用下的宏观破坏模式、模态参数变化特点、动力反应特性等问题。

从试验现象上看，阶梯墙对钢筋混凝土框架结构的破坏模式可以起到很好的控制作用。钢筋混凝土框架模型的破坏主要集中在框架柱的端部和底部，尤其底层破坏更为严重；框架阶梯墙模型的损伤主要集中在阶梯墙上，框架柱损伤较轻，而且各层破坏较为平均。阶梯墙的损伤仅会导致结构水平刚度的降低，对竖向承载力没有太大影响，而框架柱的损伤则是导致结构倒塌的直接因素。

从试验测得的层间位移来看，阶梯墙框架模型的层间变形比钢筋混凝土框架模型的层间变形数值要小，而且分布更加均匀。利用 IDARC-2D 对阶梯墙布置方案修正后的模型进行了进一步的数值分析，研究表明通过合理设置阶梯墙各层刚度，可以对整个钢筋混凝土框架结构的变形模式起到很好的控制作用，实现结构各层变形的平均化，最大限度地消耗地震能量。

基频和刚度的降低反映了结构的损伤，而结构的破坏程度与最大层间位移角有着紧密的联系。本章利用本次试验数据，并搜集整理了另外 10 次钢筋混凝土结构振动台试验数据，回归出了钢筋混凝土结构频率降低幅度与最大层间位移角之间的经验关系，可用于多层钢筋混凝土结构的损伤识别。

本章参考文献

[1] ZOU Yun, LU Xilin. Shaking table model test on Shanghai World Financial Center Tower[J]. Earthquake Engineering and Sturctural Dynamics, 2007, 36: 439-457.

[2] 孟庆利，黄思凝，郭讯. 钢筋混凝土结构小比例尺模型的相似性研究[J]. 世界地震工程，2008，24(4)：1-6.

[3] 黄思凝，郭迅，张敏证，等. 钢筋混凝土结构小比例尺模型设计方法及相似性研究[J]. 土木工程学报，2012，45(7)：31-38.

[4] 赵作周，管桦，钱稼茹. 欠人工质量缩尺振动台试验结构模型设计方法[J]. 建筑结构学报，2010，31(7)：78-85.

[5] 沈德建，吕西林. 模型试验的微粒混凝土力学性能试验研究[J]. 土木工程学报，2010，43(10)：14-21.

[6] 张敏政. 地震模拟实验中相似律应用的若干问题[J]. 地震工程与工程振动，1997，17(2)：52-58.

[7] 许卫晓，孙景江，杜轲，等. 框架阶梯墙结构振动台对比试验研究[J]. 土木工程学报，2014，47(2)：62-70.

[8] 朱杰江，吕西林，邹昀. 上海环球金融中心模型结构振动台试验与理论分析的对比研究[J]. 土木工程学报，2005，38(10)：18-26.

[9] SABNIS G M, HARRIS H G, WHITE RN, et al. Structural modeling and experimental techniques[M]. Englewood Cliffs, NJ: Prentice-Hall, 1983.

[10] 杨伟松. 典型结构模态精确测试及损伤识别方法研究[D]. 哈尔滨：中国地震局工程力学研究所，2012.

[11] 何福，郭迅，李保宽. 牛栏江大桥模态测试及数值模拟[J]. 土木工程学报，2012(S1)：117-120+141.

[12] 黄思凝. 外廊式 RC 框架破坏机理及倒塌原因分析[D]. 哈尔滨：中国地震局工程力学研究所，2012.

[13] 王财权. 单跨框架结构翼墙加固抗震性能研究[D]. 哈尔滨：中国地震局工程力学研究所，2012.

[14] 闫锋，吕西林. 附加与不附加粘滞阻尼墙的 RC 框架对比振动台试验研究[J]. 建筑结构学报，2005，26(5)：8-16.

[15] DOLCE M, CARDONE D. Shaking table tests on reinforced concrete frames without and with passive control systems[J]. Earthquake Engineering and Structural Dynamics, 2005, 34(14): 1687-1717.

[16] SUN Jingjiang, WANG Tao, QI Hu. Earthquake simulator tests and associated study of an 1/6-scale nine-story RC model[J]. Earthquake Engineering and Engineering Vibration, 2007, 6(3): 281-288.

[17] BERTERO V, AKTAN A E, CHARNEY F, et al. Earthquake simulator tests and associated experimental, analytical and correlation studies of one-fifth scale model, earthquake effects on reinforced concrete structures[R]. American Concrete Institute, 1985: 375-424.

[18] WOLFGRAM C, ROTHE D, WILSON P, et al. Earthquake simulation tests of three one-tenth scale models, earthquake effects on reinforced concrete structures[R]. American Concrete Institute, 1985: 347-374.

[19] Prestandard and commentary for the seismic rehabilitation of buildings: FEMA-356[R]. Washington, D. C.: Federal Emergency Management Agency, 2000.

[20] NEHRP recommended provisions and commentary for seismic regulations for new buildings and other structures: FEMA-450[R]. Washington, D. C.: Federal Emergency Management Agency, 2004.

[21] Quantification of building seismic performance factors: FEMA P695[S]. Applied Technology Council, 2009.

[22] 杜轲，孙景江，刘琛. 基于力插值的非线性梁柱单元中固定端部求积节点的积分方法[J]. 工程力学，2013，30(9)：22-27.

[23] 杜轲，孙景江，许卫晓. 纤维模型中单元、截面及纤维划分问题研究[J]. 地震工程与工程振动，2012，32(5)：39-46.

[24] 杜轲，孙景江，丁宝荣，等. 基于 MFBFE 剪力墙单元研究及低周反复试验数值分析[J]. 土木工程学报，2014，47(1)：1-12.

第4章 钢筋混凝土框架结构振动台倒塌试验

4.1 引言

尽管我国《建筑抗震设计规范》(GB 50011—2010)采用“小震不坏,中震可修,大震不倒”的三水准抗震设防目标。但罕遇地震作用下薄弱层的弹塑性变形验算仅是针对个别重要建筑进行的,对于量大面广的一般性建筑主要是依赖概念设计和抗震构造措施,缺乏实质上的抗倒塌计算。此外,在破坏性地震的高烈度区,地震动峰值加速度往往远高于该地区设计大震的加速度水平。汶川地震、玉树地震造成了大量房屋结构的倒塌,其中绝大多数都是未经抗倒塌计算的一般性结构。因此,探究一般性结构倒塌的原因、机理等一系列问题对提高社会防灾综合能力、降低地震灾害损失具有重要意义。本章将对第3章设计的钢筋混凝土框架结构模型进行振动台倒塌试验,再现普通钢筋混凝土框架结构的倒塌过程,分析其倒塌原因、倒塌临界点和倒塌机理等问题。

4.2 结构抗地震倒塌安全储备

结构作为能承受作用并具有适当刚度的由各连接部件有机结合而成的系统[1],其整体抗倒塌能力不仅和各结构构件的承载力、刚度、延性等因素相关,更和整个结构的整体性相关,包括结构的整体承载力储备、极限变形能力、鲁棒性、整体稳定性和整体牢固性等[2]。其中,结构的鲁棒性指的是结构不因为某个局部构件的损坏而出现与之不相称的整体功能丧失。提高结构鲁棒性的途径有很多,如增加结构的冗余度、实现多道抗震防线、明确不同结构构件的功能分区等。而结构的整体稳定性则是侧重于对整个损伤过程的描述。在地震作用下,结构从完好、逐步损伤直至最后倒塌的整个过程,存在稳定和不稳定的两种变化过程。我们希望的损伤过程应该是一个连续稳定的、分阶段的、渐进式的破坏过程,在每一个阶段都有相应的损伤控制机制,并能够充分发挥各构件的承重能力和变形能力,避免突发性的脆性倒塌。

图 4-1 所示的水平荷载-结构侧移曲线为结构在地震作用下从开始损伤直至最终倒塌的全过程。图中 B 点代表结构屈服点;D 点代表结构倒塌临界点,即在 D 点处,如果撤去水平地震作用,结构仍能承受自身重力荷载,并恢复部分弹性变形(图中 DE 段),则结构不会发生倒塌;如果撤去水平地震作用后,结构无法承受自身重力荷载,变形进一步增大(图中 DF 段),则结构发生倒塌。两种状态的临界点 D 点即为倒塌临界点。

在三水准设防要求的“小震不坏”阶段,需要保证结构仍在弹性阶段,不发生屈服。考虑到各种随机因素的影响以及保有一定的安全储备,在 B 点之前设定了“小震设计点”,即图 4-1 中的 A 点。

在三水准设防要求的“大震不倒”阶段,在倒塌临界点 D 点前设定了“大震不倒设计点”,即图 4-1 中的 C 点。对于钢筋混凝土框架结构,C 点对应《建筑抗震设计规范》(GB 50011—2010)规定的最大层间位移角不得超过 1/50。C 点是考虑了随机因素影响和保有一定安全储备后,人为规定的保证结构不发生倒塌的设计控制点。而 D 点是真正的客观的倒塌临界点。

保有图 4-1 中较长的 CD 段,无疑对提高结构抗倒塌能力具有重要的意义。这里就存在一个非常值得研究的问题,即如何准确寻找倒塌临界点 D 点。通过第 4 章的振动台对比试验 6 次工况的试验数据,得到了框架结构模型从完好到严重破坏的基底剪力-顶点位移曲线,即图 4-2。图 4-2 具有与图 4-1 非常相似的变化过程,唯一欠缺的是倒塌段曲线。图 4-2 中的 S 点,是框架结构模型在 PGA = 0.91g 的地震动加速度激励下获得的数据点,其与倒塌临界点之间的距离还有多远,将通过本章的振动台倒塌试验来进行研究。

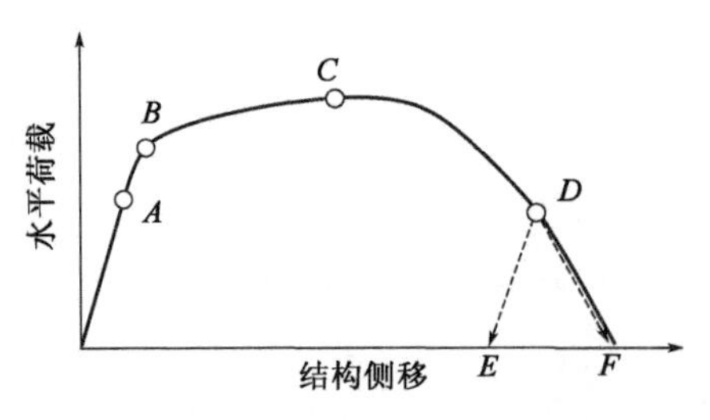

图 4-1　水平荷载-结构侧移曲线

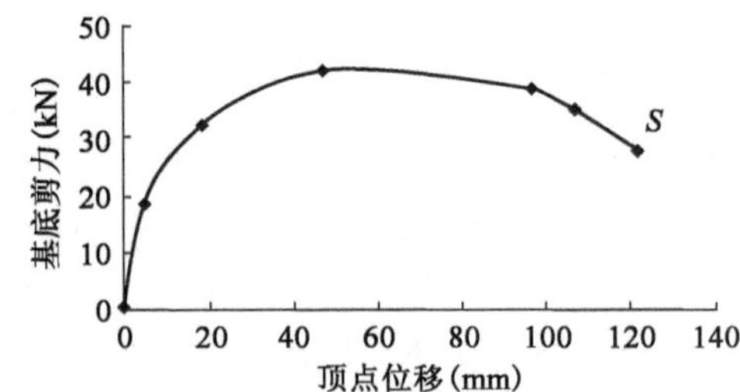

图 4-2　框架结构模型能力曲线

4.3　框架结构振动台倒塌试验模型

将框架阶梯墙结构模型移走,仅将钢筋混凝土框架结构模型置于振动台台面中心,进行振动台倒塌试验,如图 4-3 所示。模型施加的人工质量数量与之前的对比试验相同,仍为 6t。因此相似关系仍和前述对比试验相同,未发生改变,现将其重新列于表 4-1。输入地震动仍为 El-Centro 波,将峰值调整为台面最大峰值 $1.0g$,如图 4-4 所示。

模型主要相似关系　　表 4-1

物　理　量	相似关系	模型/原型
长度	l_r	0.20
弹性模量	E_r	0.50
等效密度	$\bar{\rho}_r=\dfrac{m_m+m_a}{l_r^3(m_p+m_{op})}$	1.56
应力	E_r	0.50
时间	$l_r\sqrt{\bar{\rho}_r/E_r}$	0.33
变位	l_r	0.20
速度	$\sqrt{E_r/\bar{\rho}_r}$	0.60
加速度	$E_r/(l_r\bar{\rho}_r)$	1.60
频率	$\sqrt{E_r/\bar{\rho}_r}/l_r$	3.00

图 4-3　钢筋混凝土框架结构振动台倒塌试验模型

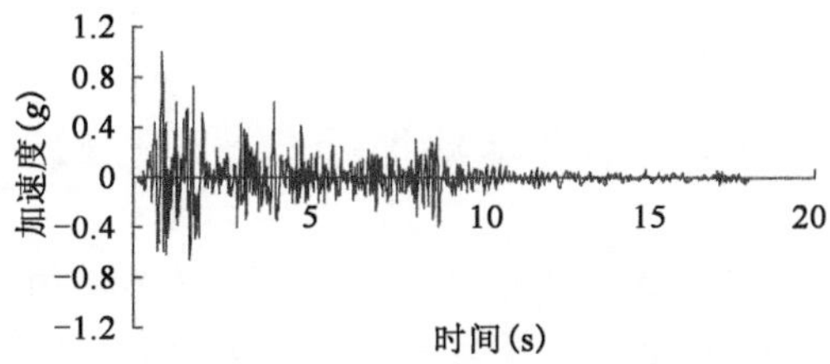

图 4-4　倒塌试验输入地震动

试验模型在经历了加速度峰值为 $0.91g$ 的 El-Centro 波激励后,已发生很大程度的损伤,濒临倒塌。图 4-5 为模型平面图。模型底部两层绝大多数柱端和柱底出现混凝土脱落,钢筋外露。底层 B2 柱和 B3 柱柱底大块混凝土脱落,柱有效截面严重削弱,钢筋屈曲,如图 4-6 所示。

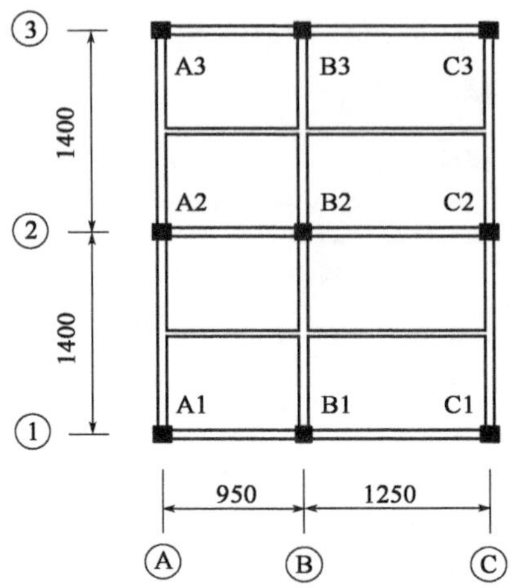

图 4-5　试验模型平面图(尺寸单位:mm)

a) B2柱底

b) B3柱底

图 4-6　倒塌试验前模型破坏情况

4.4　框架结构振动台倒塌试验

试验模型在第一次 1.0*g* 的 El-Centro 地震动激励下,并未发生倒塌,但结构已出现明显残余变形。从图 4-7 可见,残余变形主要集中在底层③轴的 3 根框架柱,①轴的 3 根框架柱残余变形量较小。

在对试验模型进行第二次 1.0*g* 的 El-Centro 地震动激励时,结构在地震动输入 2s 左右后发生倒塌。一般来讲,结构倒塌可以分为侧向倒塌和竖向连续倒塌两类。前者指的是结构在侧向力作用下,产生过大的水平位移,使得结构丧失竖向承载能力而发生整体倒塌。而后者是指结构由于偶然荷载等因素发生局部破坏后,由于相邻的构件无法消化原来由失效构件承担的那部分荷载,使得结构

a) 视角1

b) 视角2

图 4-7　模型明显残余变形

破坏发生了连锁反应,最终导致结构整体倒塌或产生与初始破坏部分不成比例的坍塌。通常情况下,结构在强烈地震作用下的倒塌,可以看作上述两种倒塌模式相继发生的过程。首先,在地震作用下,结构出现较大侧移,结构构件发生较大的塑性变形,当某一或某几个构件损伤过大退出工作后,结构进入竖向连续倒塌阶段。通过对倒塌试验全程录像后进行逐帧截图,分析模型在每 0.033s 时间步长下的变化,判定两种倒塌模式的分界点,即为结构倒塌临界点,记此时刻为 0s。图 4-8 为试验模型到达倒塌临界点后的倒塌过程。

a) 0s

b) 0.66s

c) 0.759s

d) 0.792s

图　4-8

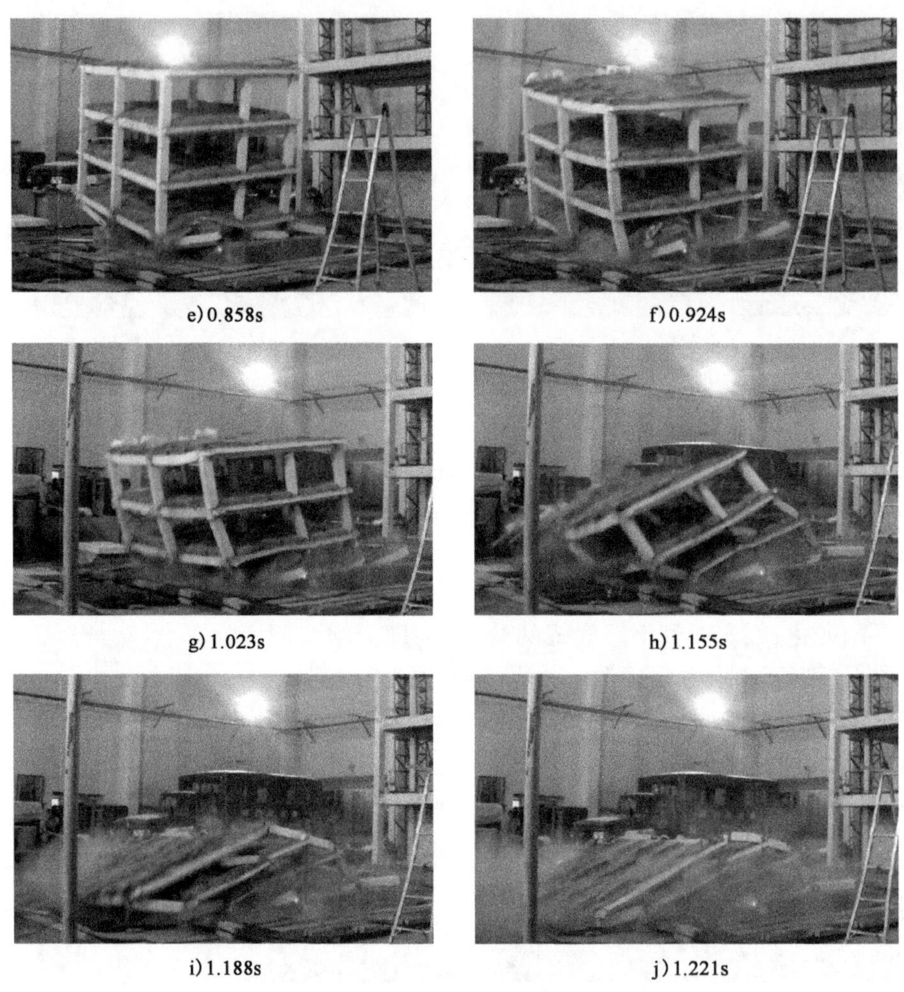

e) 0.858s　f) 0.924s　g) 1.023s　h) 1.155s　i) 1.188s　j) 1.221s

图 4-8　试验模型倒塌过程

模型在 0s 时刻,随着地震动时程的输入突然产生一个较大的侧向位移,与此同时,C3 柱柱端出现将要折断的趋势。最终整个模型也是由于 C3 柱退出工作而发生连续坍塌。但在模型倒塌试验之前,B3 柱底已出现大块混凝土脱落、柱有效截面严重削弱、钢筋屈曲的现象(图 4-6b)。B3 柱底与基础的连接方式基本可认定为铰接形式,无法提供抗侧刚度。所以,基本可以判断模型从侧向倒塌转变为竖向连续倒塌的过程为:在地震作用下,B3 柱首先退出抗侧工作,但剩余的结构构件仍能基本承受自身的重力荷载,随着进一步的地震作用,结构侧移进一步加大,C3 柱产生过大变形退出工作后,相邻的框架柱无法消化原本由 C3

柱承受的那部分荷载，结构进入竖向连续倒塌阶段。

从 0.66s 时刻开始，模型底层已形成机构，倒塌过程开始充分发展。0.759s 时刻，C3 柱已经完全折断，①轴处的 3 根框架柱也出现较大的侧移。0.792s 时刻，底层所有框架柱均被折断，完全退出抗侧和承受重力荷载的工作，底层楼板加速坠落。0.858s 时刻，模型底层已经完全坍塌，这一瞬间的模型形态在汶川地震中也非常常见，如图 4-9 所示。

a) 模型0.858s时刻状态

b) 汶川地震中映秀镇某四层框架结构底层完全坍塌

图 4-9　模型倒塌形态与实际震害对比

此后，模型上部各层相继发生连续倒塌，在 1.221s 时刻，倒塌过程结束，形成一典型的叠层废墟。图 4-10 为模型最终倒塌形态与汶川地震中北川县政府大楼实际震害对比。

a) 模型最终倒塌形态

b) 汶川地震中北川县政府完全倒塌

图 4-10　模型最终倒塌形态与实际震害对比

4.5　模型倒塌临界状态

结构倒塌临界状态的判定是研究结构抗倒塌问题的关键问题之一。前文根据模型倒塌全过程判定了模型从侧向倒塌转变为竖向连续倒塌的分界点为模型倒塌临界点。模型倒塌临界时刻状态见图4-11。

a)视角1

b)视角2

c)视角3

d)视角4

图4-11 模型倒塌临界状态

试验测得模型倒塌临界状态底层层间位移角为1/19，与上文振动台对比试验中R6工况($a_{max}=0.91g$)下通过拉线位移计测得的底层最大位移角相同。这是由于模型在R6工况下底层遭到严重破坏，柱底已产生较大转动能力。在倒塌工况下虽然地震动峰值加速度提高到$1.0g$，但在进入竖向连续倒塌阶段前，底层最大层间位移角已不再增加。

试验测得框架结构模型倒塌的临界层间位移角为1/19，可作为判定按照Ⅶ度设防的多层钢筋混凝土框架结构是否达到倒塌临界状态的一个参考。

4.6 本章小结

本章对一个典型多层钢筋混凝土框架结构模型进行了振动台倒塌试验，记录到其倒塌全过程。通过对倒塌试验全过程进行逐帧截图，分析模型在每0.033s时间步长下的变化，得到如下结论：

①根据模型在倒塌过程中每一时刻的瞬态变化，判定模型从侧向倒塌模式转变为竖向连续倒塌模式的分界点为结构倒塌临界点。

②模型倒塌过程为：在地震作用下，边跨中柱首先退出抗侧工作，但剩余的结构构件仍能基本承受自身的重力荷载，随着进一步的地震作用，结构侧移进一步加大，边跨角柱产生过大变形退出工作后，相邻的框架柱无法消化原本由该柱承受的那部分荷载，结构进入竖向连续倒塌阶段。模型底层率先变为机构体系发生整体倒塌后，上部各层连续垮塌。

③试验测得框架结构模型倒塌的临界层间位移角为 1/19，可作为判定按照Ⅶ度设防的多层钢筋混凝土框架结构达到倒塌临界状态的一个参考。

本章参考文献

[1] 中华人民共和国住房和城乡建设部，中华人民共和国国家质量监督检验检疫总局. 工程结构可靠性设计统一标准：GB 50153—2008[S]. 北京：中国建筑工业出版社，2009.
[2] 叶列平，曲哲，陆新征，等. 建筑结构的抗倒塌能力——汶川地震建筑震害的教训[J]. 建筑结构学报，2008，29(4)：42-50.

第5章　钢筋混凝土框架阶梯墙结构体系拟静力试验

5.1　引言

为研究钢筋混凝土框架阶梯墙结构体系中，阶梯墙作为“功能集成”与“功能分离”两种形式下结构的抗震性能，进行了两个缩尺比为1∶3的单层两跨的钢筋混凝土框架阶梯墙试件拟静力试验，分别研究抗震墙主要参与抗侧工作并承担小部分重力荷载与抗震墙既参与抗侧工作又承担重力荷载时，试件的裂缝开展与破坏、滞回性能、刚度退化、耗能能力、延性等抗震性能。同时利用ABAQUS有限元软件对试验试件进行模拟，得到了与试验数据较为吻合的结果。研究表明当抗震墙的承重功能与抗侧功能基本分离时，结构具有更好的延性、耗能能力与损伤发展过程。

5.2　试验概况

5.2.1　原型结构

试验原型为汶川地震中老北川县城的一栋未倒塌的北川盐务局宿舍楼，该楼为七层底框砌体结构，该结构在底层部分增设了一定数量的抗震墙，在地震作用下底层抗震墙先于框架柱耗能，将损伤集中在抗震墙上，实现了多道抗震防线的目的，表现出较好的抗震性能。

以北川盐务局宿舍底层框架的轴网尺寸为基础（图1）[1]，按照《混凝土结构规范》（GB 50050—2010）、《建筑抗震设计规范》（GB 50011—2010）重新设计了一栋七层钢筋混凝土框架结构作为原型结构，抗震等级为三级，设防烈度Ⅶ度，设计基本地震加速度0.15g，场地类别Ⅱ类，混凝土采用C30。

5.2.2　模型设计

取底层一榀框架作为试验模型，如图5-1虚线框部位所示，并在其中一跨增

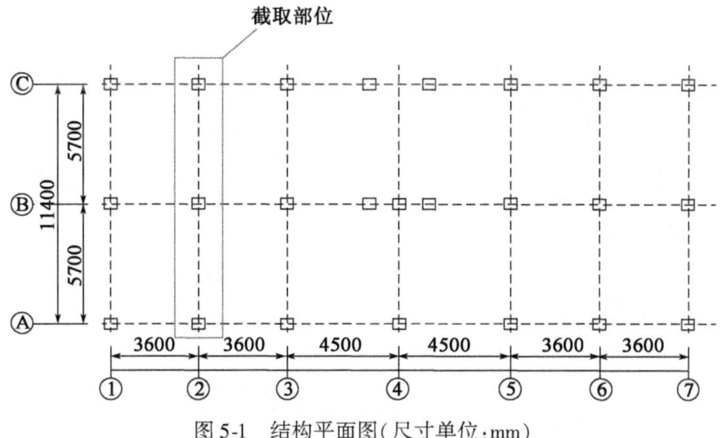

图 5-1　结构平面图(尺寸单位:mm)

设了 1 片抗震墙。为近似保证模型试件的弯矩、剪力关系与原型结构基本一致,将试件设计为一层半高的形式,在一层半高位置施加水平剪力,主要对试件底层进行研究。试验模型采用 1∶3 的缩尺比,层高为 1000mm,抗震墙墙面宽度500mm,截面厚度 80mm,底层梁顶面处两侧外挑 240mm 宽、40mm 厚的楼板。设计两组试验模型,试件 FW1 承担小部分重力荷载,故在加载梁上方不设计直接承受重力荷载的抗震墙;试件 FW2 既参与抗侧工作又要承担重力荷载,所以在加载梁上方设计了 1 块长 500mm、高 100mm 的抗震墙,其余参数均相同。试件的尺寸及各部件配筋见图 5-2 ~ 图 5-3。

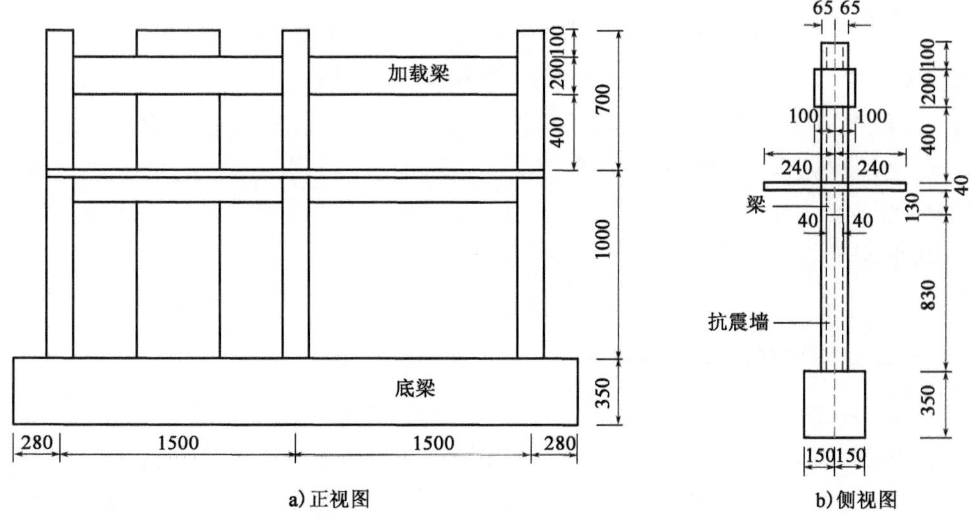

图 5-2　试件模型尺寸(尺寸单位:mm)

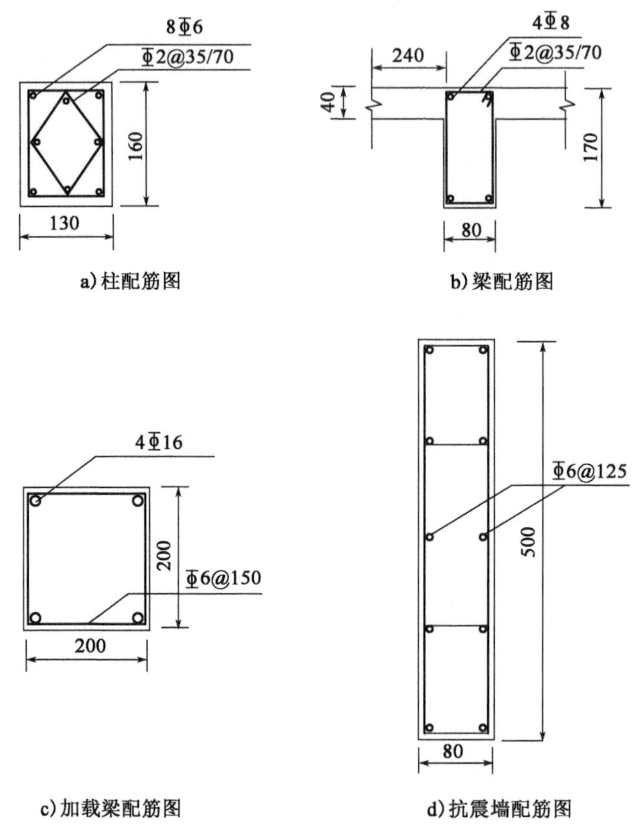

图 5-3 试验模型设计参数(尺寸单位:mm)

功能集成型体系中,由于抗震墙承担重力荷载,抗震墙截面受到较大的轴向压力,使得截面的屈服曲率得到提高,但却降低了极限曲率。功能分离型体系中,抗震墙承受尽可能小的轴向压力,大大提高了截面的曲率延性能力。因此,在加载中后期两种功能形式的抗震墙的延性性能和变形能力存在一定的差别。

5.2.3 模型材料的力学性能

利用万能试验机对预留的 3 块混凝土试块进行抗压试验,取平均值 32.2MPa作为本试验最终混凝土抗压强度。对试验所用的每种不同型号的钢筋预留 3 根,利用万能试验机进行拉伸试验,获得模型钢筋屈服强度和极限强度的平均值,见表 5-1。

钢筋力学材料性能参数　　表 5-1

钢筋直径(mm)	屈服强度(MPa)	极限强度(MPa)
6	452	622
8	414	556

5.2.4　加载装置及加载制度

在试件左侧布置一个 50t 的 MTS 液压伺服作动器施加水平方向的往复力，在加载架上安装液压千斤顶来提供试验所需的重力荷载，并通过分配梁与试件相连。通过改变分配梁的构造将重力荷载按试验所需分配给各试件的各个受力部位。设置试件 FW1 左、右两侧轴压比为 0.2，中柱轴压比为 0.4；试件 FW2 左柱和中柱轴压比为 0.15，右柱轴压比为 0.2，两模型总轴力相同，模型加载受力情况见图 5-4。

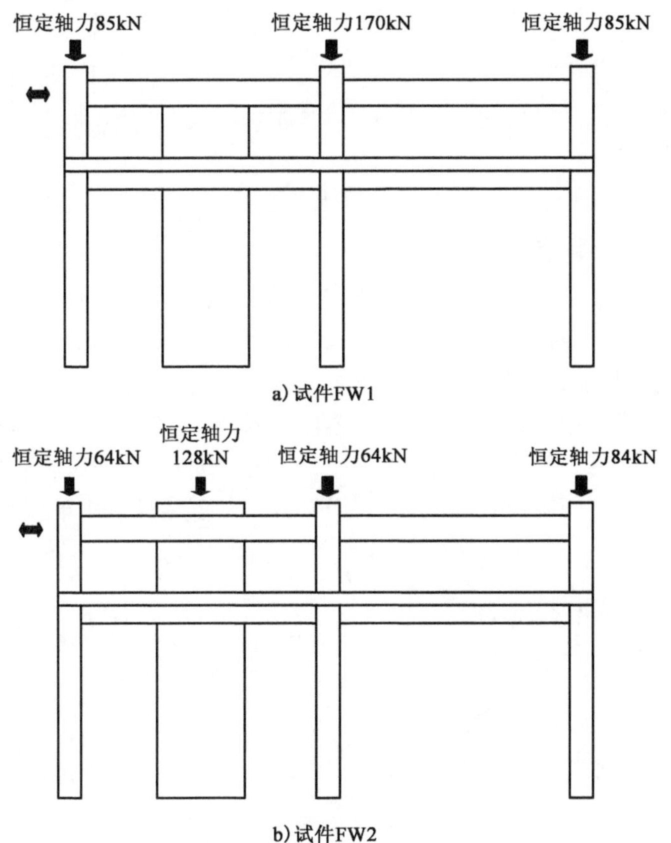

图 5-4　试件模型加载受力

试验时，为了检测调试系统，先对试件进行两圈的预加载，调试至正常运行状态。由作动器提供逐级增加的水平荷载，采用位移加载制度，以底层位移为控制位移，分别取 17 个工况，其控制位移依次为 0.75mm、1.5mm、2.4mm、3mm、3.9mm、4.5mm、6mm、9mm、12mm、15mm、18.75mm、22.5mm、30mm、37.5mm、45mm、52.5mm、60mm，见图 5-5。

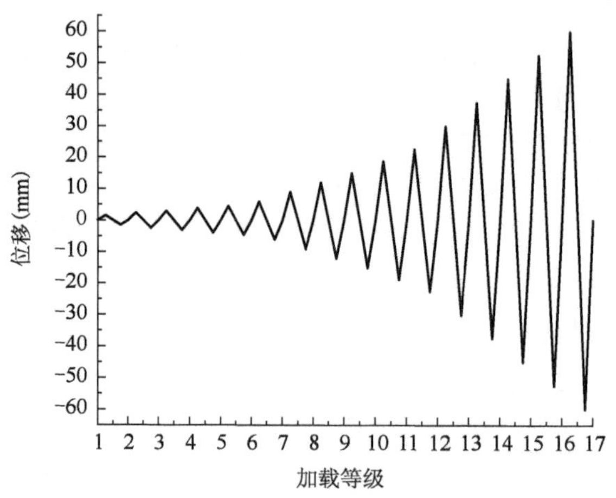

图 5-5　试验加载程序

5.2.5　试验测量方案

在试件的底层框架柱和抗震墙两侧纵筋的底部、中部和顶部各处各设置 2 个钢筋应变片，在梁与柱、抗震墙交接截面各设置 2 个钢筋应变片，共设置 36 个钢筋应变片。在底层框架柱和抗震墙两侧的底部和顶部设置混凝土应变片，同时在底层框架柱和抗震墙中部设置混凝土应变花，共设置 16 个混凝土应变片和 5 个混凝土应变花。在试件右侧布置位移计观测试件的侧向位移，分别在加载梁底部、地梁中心处、楼板左右两侧共设置 4 个位移计。试验模型仪器布置图见图 5-6。

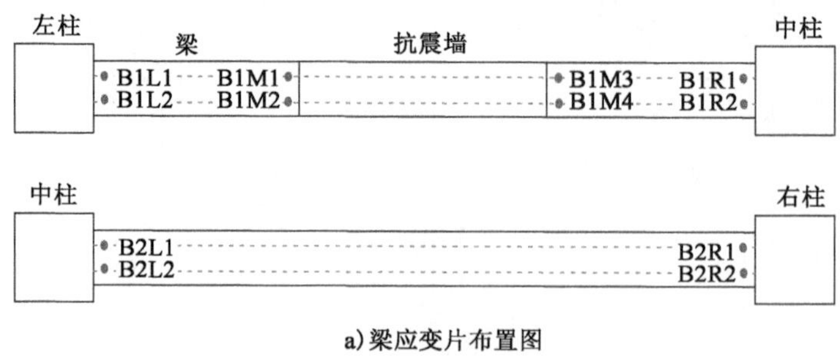

a)梁应变片布置图

图　5-6

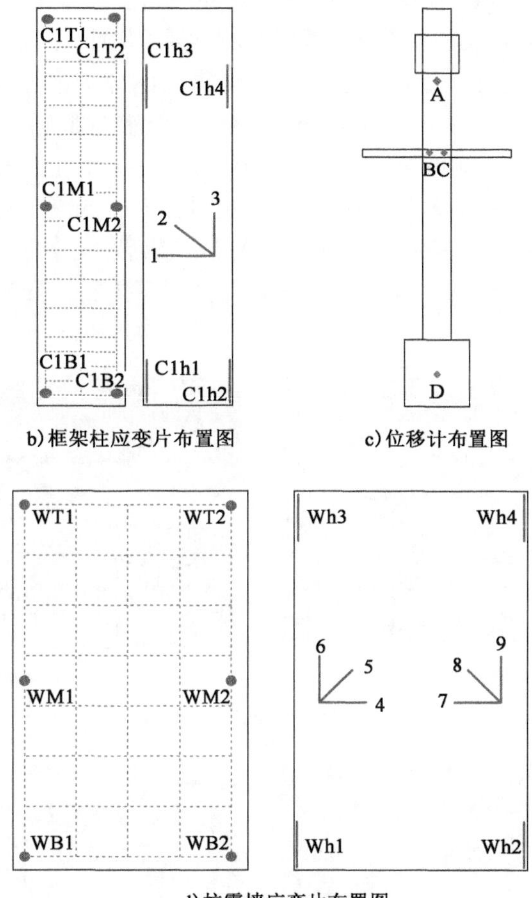

b)框架柱应变片布置图

c)位移计布置图

d)抗震墙应变片布置图

图5-6　试验模型仪器布置图

5.3　试验数据分析

5.3.1　宏观破坏

对于FW2试件,前两个工况无明显破坏。加载至工况3时,各梁、柱、抗震墙开始出现细微的裂缝。加载至工况8时,各部位裂缝持续增加、延伸,梁裂缝宽度明显增加。加载至工况10时,抗震墙上裂缝明显延伸,柱上裂缝增多,梁上的裂缝继续增多且有混凝土细屑脱落。加载至工况12时,抗震墙底部混凝土压酥变脆且裂缝交叉,柱顶斜裂缝大量增多,梁上有小块混凝土脱落。加载至工况

13 时,试件上交叉裂缝整体增多,抗震墙底部混凝土继续破碎,各柱底部混凝土也开始出现受压破碎现象。梁上的裂缝宽度继续增加,并且有混凝土块脱落,钢筋裸露,见图 5-7b)。加载至工况 14 时,抗震墙底部混凝土破坏十分明显并向上延伸,底部钢筋外露并被压弯,柱底混凝土继续破碎脱落,梁上有较大混凝土块脱落,见图 5-8b)。加载至工况 15 时,抗震墙底部混凝土大面积破坏并脱落,暴露出更多屈曲的钢筋,柱底混凝土破坏加剧且上部混凝土也开始脱落,梁上混凝土脱落加剧。加载至工况 16 时,抗震墙已严重破碎,各柱、梁破坏持续加重,特别是梁上形成的裂缝相当明显,已破坏部分混凝土持续压碎脱落,钢筋屈曲并且外露。

a) 试件FW1

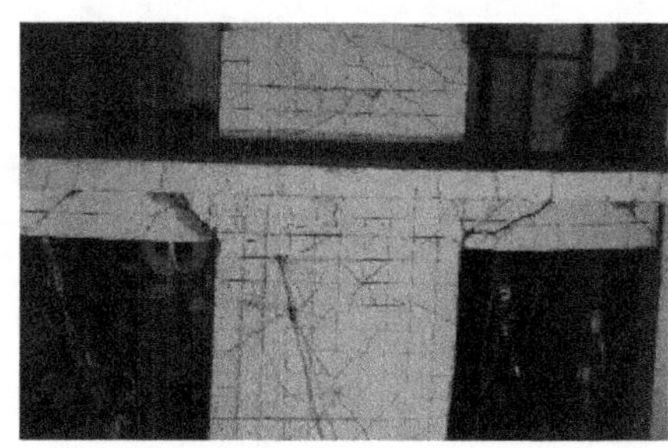
b) 试件FW2

图 5-7　梁破坏形态

a) 试件FW1

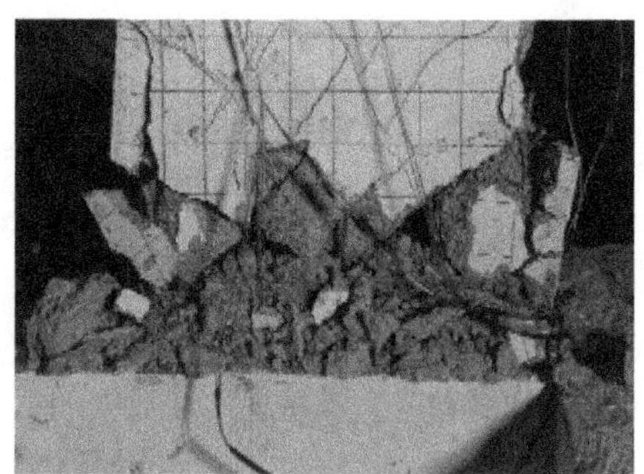
b) 试件FW2

图 5-8　抗震墙破坏形态

5.3.2　滞回曲线

试件 FW1、FW2 的水平荷载-位移滞回曲线见图 5-9。从图中可以看出,加载初期,两试件滞回曲线的斜率变化较小,基本呈线性关系,卸载时残余变形很小,试件处于弹性工作阶段。随水平荷载的逐渐增加,试件进入了屈服阶段,滞回曲线斜率的减小幅度增加，刚度退化明显。至加载后期，两试件的承载能力下降，试件 FW1 下降较缓慢，试件 FW2 因损伤累积过多而破坏严重，故滞回曲线有突然下降的现象。说明在加载后期，试件 FW1 仍具有较强的耗能能力，而试件 FW2 无法继续耗散地震能量，故其耗能能力明显低于试件 FW1。

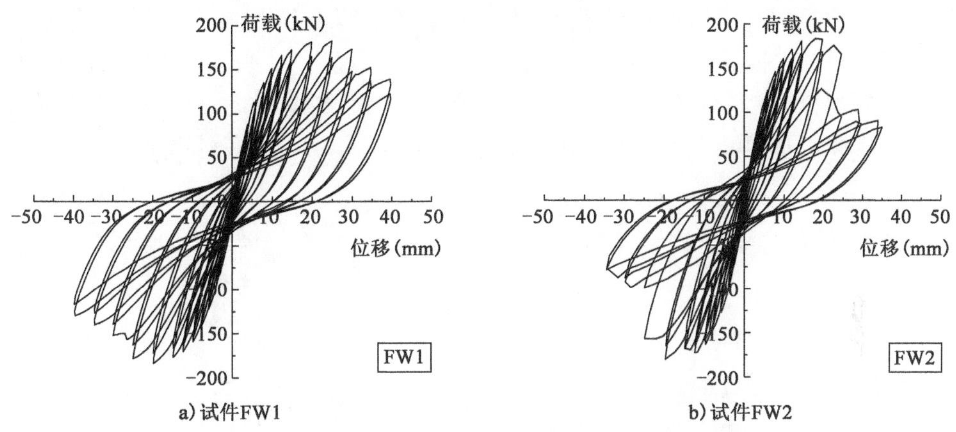

图 5-9　试件滞回曲线

试件 FW2 作为功能集成型体系，其抗震墙受到较大的轴向压力，会增大截面混凝土受压区高度，降低了极限曲率，进一步降低了抗震墙的延性变形能力。试件 FW1 作为功能分离型体系，抗震墙承受尽可能小的轴向压力，提高了其截面的曲率延性能力。因此，在加载中后期，两种功能形式的抗震墙的延性性能和变形能力存在一定的差别。

5.3.3　骨架曲线

根据荷载-位移曲线绘制了两个试件的骨架曲线，见图 5-10。可从图中看出，在试件开始加载至出现裂缝阶段，试件 FW1 与试件 FW2 的骨架曲线基本重合。随着裂缝的不断生成和发展，试件的承载力的提升逐渐变缓，刚度不断下降。至加载后期，试件 FW1 骨架曲线的下降明显较试件 FW2 骨架曲线缓慢，试件 FW2 的骨架曲线出现突降。这一现象说明抗震墙功能分离型结构耗能能力强，具有更好的延性。

5.3.4　刚度退化曲线

刚度退化可采用环线刚度 K_j 来评价，见式(5-1)。

$$K_j = \frac{\sum_{i=1}^{n} P_j^i}{\sum_{i=1}^{n} \mu_j^i} \tag{5-1}$$

式中：K_j——环线刚度，kN/mm；

P_j^i——第 j 级加载位移时，第 i 级加载循环的峰值点荷载，kN；

u_j^i——第 j 级加载位移时，第 i 级加载循环的峰值点位移，mm；

n——循环次数。

从图 5-11 中可以看出，试件的刚度随位移的增大逐渐减小。在加载前期，试件 FW1 与试件 FW2 的刚度退化曲线较为接近，随着水平荷载的逐级增加，刚度衰减变缓，试件 FW1 的退化速率小于试件 FW2。这说明抗震墙功能分离型结构能够具有更加渐进、稳定的损伤发展特征。

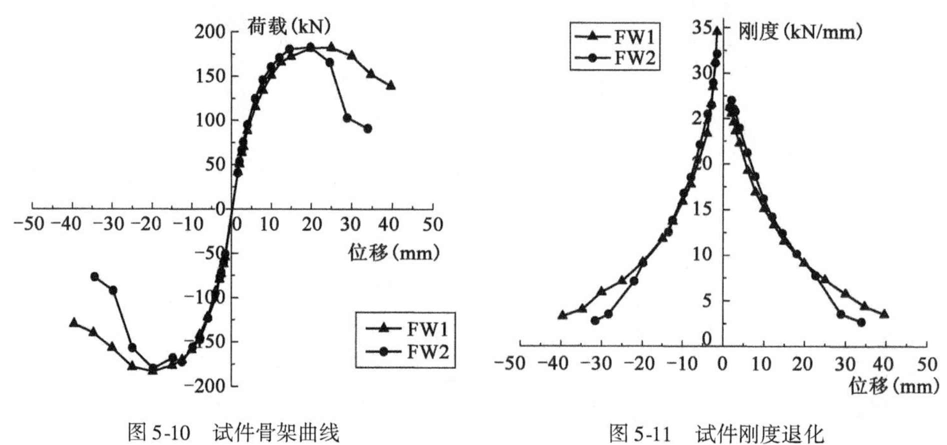

图 5-10　试件骨架曲线　　图 5-11　试件刚度退化

5.3.5　延性系数

通常用位移延性系数来表征结构的延性。位移延性系数 μ 定义为试件的破坏位移 $\Delta\mu$ 与屈服位移 Δy 之比，见公式(5-2)：

$$\mu = \frac{\Delta\mu}{\Delta y} \tag{5-2}$$

在实际试验中，试件的受力变化并非理想的弹塑性过程，因此采用几何作图法在骨架曲线上确定出屈服点，以确定屈服荷载和屈服位移，取极限荷载的 85% 为破坏荷载，求得位移延性系数，见表 5-2。

试件的特征点及延性系数　　表 5-2

试件编号	开裂位移(mm)	开裂荷载(kN)	屈服位移(mm)	屈服荷载(kN)	极限位移(mm)	极限荷载(kN)	破坏位移(mm)	破坏荷载(kN)	延性系数
FW1	1.98	50.73	9.99	151.07	25	182.39	34.10	155.03	3.41
FW2	1.98	53.69	9.14	155.22	19.83	182.55	25.34	155.17	2.77

从表 5-2 可以看出,试件 FW2 的开裂、屈服、极限、破坏荷载均比试件 FW1 的略微提高一点,但试件 FW2 极限位移比试件 FW1 小 21%,破坏位移比试件 FW1 小 26%,延性系数比试件 FW1 小 19%。说明当抗震墙结构功能分离时比功能集成时具有更好的延性,可承受较大的塑性变形。

5.3.6　耗能能力

图 5-12 为两试件在各级加载第一次循环的能量耗散值随位移变化曲线,表 5-3为两试件在达到屈服、极限及破坏状态时的耗能和整个试验过程的总耗能。

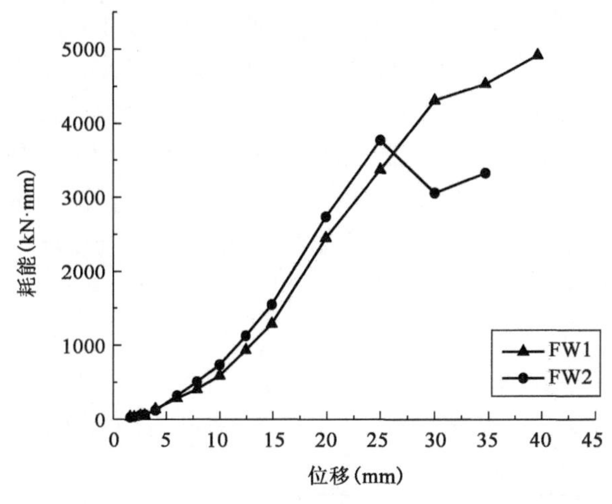

图 5-12　试件耗能情况

试件耗能能力　　表 5-3

试件编号	耗能能力(kN·mm)			总耗能(kN·mm)
	屈　服	极　限	破　坏	
FW1	592.00	3370.78	4531.86	23397.17
FW2	735.76	2734.25	3057.10	17421.10

从图 5-12 中可以看出,在试验加载前期,两个试件的耗能能力基本一致。随着试件损伤的不断积累,耗能曲线上升变得缓慢,同一工况下,试件 FW2 的耗能略微高于试件 FW1。至加载后期,试件 FW2 耗能曲线出现了突变,耗能能力明显低于试件 FW1。

从表 5-3 可以明显看出,两试件在达到屈服状态时,耗能能力相当。试件 FW1 的极限、破坏状态时的耗能及总耗能明显高于试件 FW2。说明抗震墙功能分离型结构具有更优良的耗能效果。

5.4 有限元验证

采用由清华大学基于 ABAQUS 开发的一组材料单轴滞回本构模型集合——PQ-Fiber 建立有限元分析模型[2]，对试验结果进行验证。

5.4.1 模型建立

采用 ABAQUS 进行有限元验证，试件的框架柱、梁、抗震墙均采用 B31[3]梁单元建立，楼板采用 S4R 壳单元建立。进行单元划分时，框架柱、抗震墙共划分为 10 个单元，每个单元长度为 170mm；梁共划分为 20 个单元，每个单元长度为 150mm；楼板沿长度方向共划分为 20 个单元，每个单元长度为 150mm，沿宽度方向共划分为 4 个单元，每个单元长度为 120mm。梁单元混凝土采用 UConcrete02 本构模型，梁单元钢筋采用 USteel02 本构模型，见图 5-13，建模时采用的具体参数见表 5-4、表 5-5。壳单元为 C30 混凝土，采用 ABAQUS 中的混凝土塑性损伤本构模型，其应力应变关系曲线采用《混凝土结构设计规范》(GB 50010—2010)中的形式。

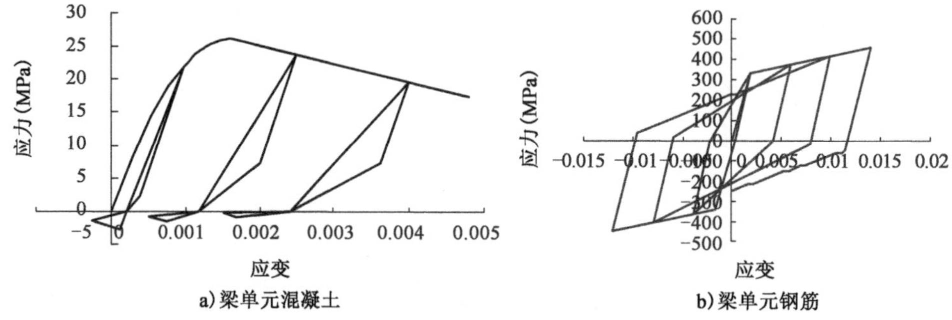

图 5-13 往复加载时的单轴应力应变关系

UConcrete02 本构参数 表 5-4

混凝土强度等级	轴心受压强度 f_{c0} (MPa)	峰值压应变 ε_{c0}	极限受压强度 f_u (MPa)	极限压应变 ε_{cu}	极限压应变时卸载刚度与初始弹性模量之比 d_{cu}	轴心受拉强度 f_t (MPa)	受拉软化模量 $\gamma_S E_0$	截面钢筋屈服的临界应变
C30	20.1	0.00147	7.035	0.005292	0.18	2.01	3000	0.002

USteel02 本构参数 表 5-5

钢 筋 牌 号	弹性模量 E_0 (MPa)	初始屈服强度 f_{y1} (MPa)	屈服后刚度参数 α	极限塑性变形率 β
HRB400	2.0×10^5	400	0.001	50

5.4.2　数据对比

将有限元分析模型计算得到的滞回曲线、骨架曲线与试验第一圈加载的实测曲线对比,见图 5-14、图 5-15。从滞回曲线对比图看出,有限元分析结果与试验相比,具有较一致的吻合性。从骨架曲线对比图中可以看出,有限元分析得到的极限荷载与试验得到极限荷载较为接近,试件 FW1 经试验得到极限荷载为 182.39kN,经有限元分析得到的极限荷载为 170.90kN,是试验结果的 93.7%;试件 FW2 经试验得到极限荷载为 182.55kN,经有限元分析得到的极限荷载为 172.56kN,是试验结果的 94.5%。

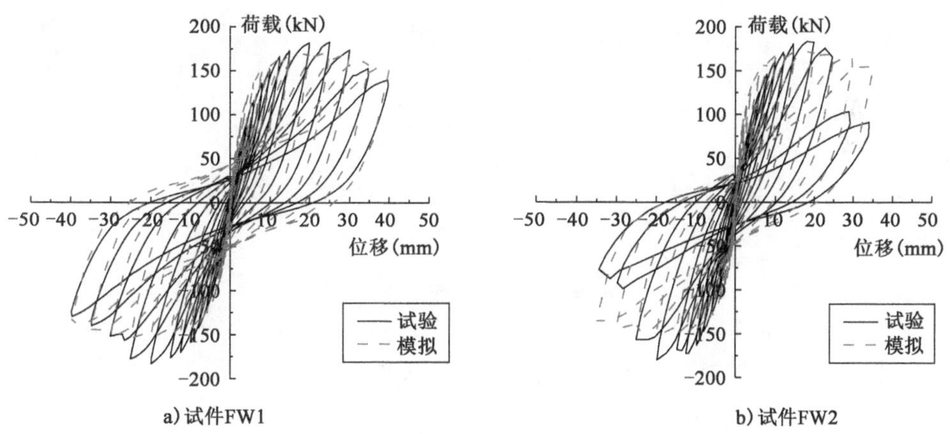

图 5-14　滞回曲线对比

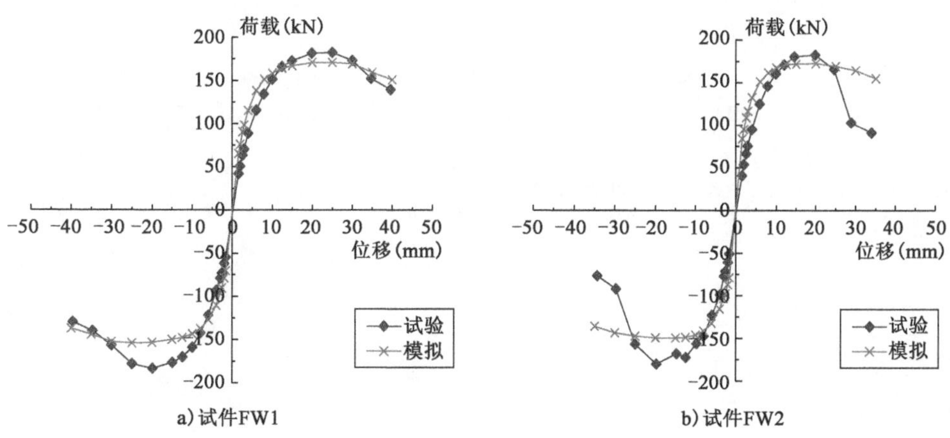

图 5-15　骨架曲线对比

5.5 本章小结

本章通过拟静力试验与有限元验证对钢筋混凝土框架-阶梯墙结构体系的抗震性能进行研究,得出以下结论:

①通过宏观试验现象可以看出,试件FW1和试件FW2的损伤均主要分布在抗震墙底部与梁上,框架柱则发生相对轻微的破坏,试件FW2的整体破坏程度明显高于试件FW1。说明钢筋混凝土框架阶梯墙结构体系能有效提高结构的抗地震倒塌能力,充分发挥第二道抗震防线的作用,将损伤主要集中在抗震墙上,能有效保护框架柱,实现"强柱弱梁"的屈服机制。

②抗震墙承受小部分重力荷载的结构骨架曲线和刚度退化曲线下降缓慢,表现出更为良好的耗能能力和延性,能更好地发挥抗侧功能。抗震墙承重与抗侧功能集成的结构骨架曲线存在突变现象,滞回环饱满程度较差,后期耗能能力显著降低。说明当钢筋混凝土框架阶梯墙结构体系设计成"功能分离"型结构形式时,能使得各构件充分发挥各自的功能,结构的整体抗震性能得到有效提升。

③在实际工程应用中,抗震墙不可避免地要承受重力荷载,难以在真正意义上实现抗侧与承重功能的完全分离,下一步要通过设计不同的梁尺寸及配筋等方式使得抗震墙承受极小的重力荷载,尽可能实现功能分离。

本章参考文献

[1] 杨伟松, 郭迅, 许卫晓, 等. 翼墙—框架结构振动台试验研究及有限元分析[J]. 建筑结构学报, 2015, 36(2):96-103.

[2] QU Z. Predicting nonlinear response of an RC bridge pier subject to shake table motions[C]// Proceedings of 9th International Conference on Urban Earthquake Engineering (9CUEE), Tokyo, Japan: 1717.

[3] 庄茁, 由小川, 廖剑辉, 等. 基于ABAQUS的有限元分析和应用[M]. 北京: 清华大学出版社, 2009.

第6章 钢筋混凝土框架阶梯墙结构体系设计方法

6.1 引言

目前我国采用的钢筋混凝土框架结构设计方法主要是基于小震弹性计算、中震构造措施保证、特殊结构大震弹塑性变形验算。具体来讲,通过底部剪力法、振型分解反应谱法或弹性时程分析法得到结构在设计小震下的地震作用效应并与重力等其他荷载作用效应组合后作为设计内力,然后按照材料强度设计值进行构件的承载力设计。通过设防烈度和结构高度等因素确定钢筋混凝土框架结构抗震等级,不同的抗震等级对应了不同程度的轴压比、配箍量等构造要求。此外,对于一些特殊结构尚应采用简化的弹塑性分析方法或弹塑性时程分析方法进行罕遇地震下的结构变形验算。上述设计方法中,直接面向计算设计的阶段仅限于设计小震下的弹性计算,缺乏中震、大震下的定量化计算设计。

阶梯墙作为结构体系中重要的抗侧构件和整体损伤控制构件,在整体结构地震反应中起到非常重要的作用。钢筋混凝土框架阶梯墙结构体系设计的一个核心内容就是合理设置阶梯墙在框架结构各层中的刚度需求,以使各层在地震作用下能够具有相近的层间位移,最大限度地发挥整个结构的抗震能力。目前的构件设计主要是基于结构弹性分析,但阶梯墙作为整个结构体系的第一道抗震防线,在大震作用下必然会进入弹塑性阶段,发生刚度退化。而阶梯墙的主要作用就是提高框架结构在大震甚至是更强烈地震作用下的抗倒塌能力。因此,本章提出了一种基于静力弹塑性分析的阶梯墙设计方法。

6.2 基于位移、能量的抗震设计方法

力、位移和能量是量化结构性能的三个重要指标。Priestley 认为结构的损伤状态总是与截面的变形和极限应变密切相关。而由截面的变形通过积分可直接得到结构局部或整体的位移。从抗震设计的角度而言,可以通过结构局部或

整体的位移来控制结构损伤程度。因此,基于位移的抗震设计方法是实现结构性能设计思想的重要途径,也是目前应用最为广泛和成熟的设计手段。根据其设计流程的不同,可以分为间接设计法和直接设计法(图6-1)。

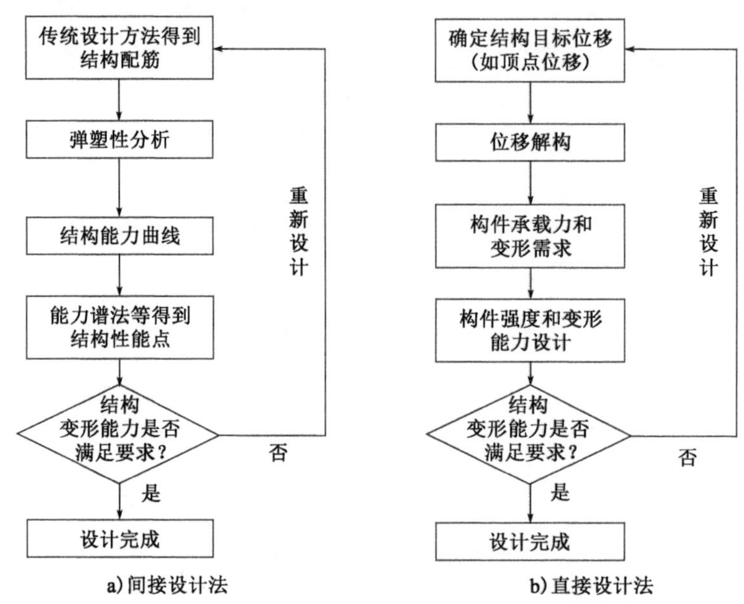

图6-1 基于位移的抗震设计方法

间接设计法是首先通过类似前述的传统设计方法得到结构配筋施工图,而后通常利用pushover分析方法得到结构推覆曲线,再利用能力谱方法或其他方法求得结构性能点,如不满足结构变形要求则修改结构配筋施工图,重新进行pushover分析,直至满足结构变形要求为止。这种方法没有改变传统设计流程,最易于被结构工程师接受,因此也是目前应用最为广泛的抗震设计方法。

直接设计法是首先确定结构位移指标(如最大顶点位移);而后进行位移解构,即假定结构的变形模式,将结构位移指标解构到每一个构件上;再对构件进行承载力和变形设计。这种方法虽然避免了迭代,但一方面与传统设计方法差别较大,另一方面位移的解构工作存在很大难度,因此应用较少。

随着消能减震装置的大量涌现,从能量角度控制结构地震反应成为一个研究热点。地震对结构而言是一种能量输入,如果结构可以耗散掉地震输入能量而不发生倒塌,则该结构满足抗震要求。结构通过阻尼和弹塑性变形来消耗地震能量,因此,在明确总地震能量输入的前提下,可以通过增大结构阻尼耗能或保证结构的弹塑性变形能力来实现结构抗震目标。这种方法的核心问题在于如何明确能量的分配。与直接位移设计法一样,能量分配问题存在很大难度,相关研究工作仍不完善。

6.3　基于静力弹塑性分析的阶梯墙刚度迭代设计方法

6.3.1　设计方法

结构弹塑性分析方法主要可以分为静力弹塑性分析方法和动力弹塑性时程分析方法。由于结构在将来可能遭受到的地震动是未知和不确定的,因此输入地震动的选择在很大程度上会影响到利用动力弹塑性时程分析法进行抗震能力评估的结果。目前,输入地震动的选取方法主要可以分为三类:第一类是以ATC-63 和 ASCE/SEI 7-05 为代表的基于台站和地震信息的选取方法[1-2];第二类是各国抗震规范广泛采用的基于设计反应谱的选取方法;第三类是翟长海、谢礼立等[3]提出的基于最不利设计地震动的选取方法,即选取可能对结构造成最严重破坏的地震记录。静力弹塑性分析方法简单易行,而且研究表明其针对变形模式以第一阶振型为主的中低层结构具有比较高的精度。因此本书以静力弹塑性分析为基础,提出了阶梯墙的刚度设计方法。

图6-2 为整个钢筋混凝土框架阶梯墙体系设计流程图。首先对纯钢筋混凝土框架结构进行静力弹塑性分析,得到最大层间位移角为1/50 时结构各层的层间剪力和层间位移,进一步得到层间刚度。然后设定一个在此相应地震强度下钢筋混凝土框架阶梯墙结构的目标最大层间位移值。利用静力弹塑性分析得到的层间剪力除以目标层间位移得到目标层间刚度,将目标层间刚度减去现有的层间刚度得到需增的阶梯墙贡献刚度,进一步求得需增的阶梯墙几何尺寸,从而得到一个新的钢筋混凝土框架阶梯墙结构。由于在利用静力弹塑性分析得到的层间剪力除以目标层间位移得到目标层间刚度这一步中,层间剪力是上一步纯钢筋混凝土框架结构的层间剪力,并不是框架阶梯墙结构的层间剪力,所以存在一定误差。因此需要对新得到的钢筋混凝土框架阶梯墙结构进行重复迭代计算设计,直到设计的结构各层层间位移角均在目标层间位移值左右。

目标层间位移的确定与性能化抗震设计思想非常类似,其中存在成本与效益相互博弈的问题。可以根据业主与建筑物自身的需要,综合考虑地震危险性等因素,给出一个建立在最佳成本-效益核算基础上的抗震设防目标。上文振动台试验中模型B底层含墙率(即该层阶梯墙断面面积与相应楼层建筑面积的比值)为0.32%,通过插值(图6-3)得到模型A最大层间位移角达到1/50时,模型B的最大层间位移角为1/87。在本研究中,初步设定目标层间位移角为1/87。

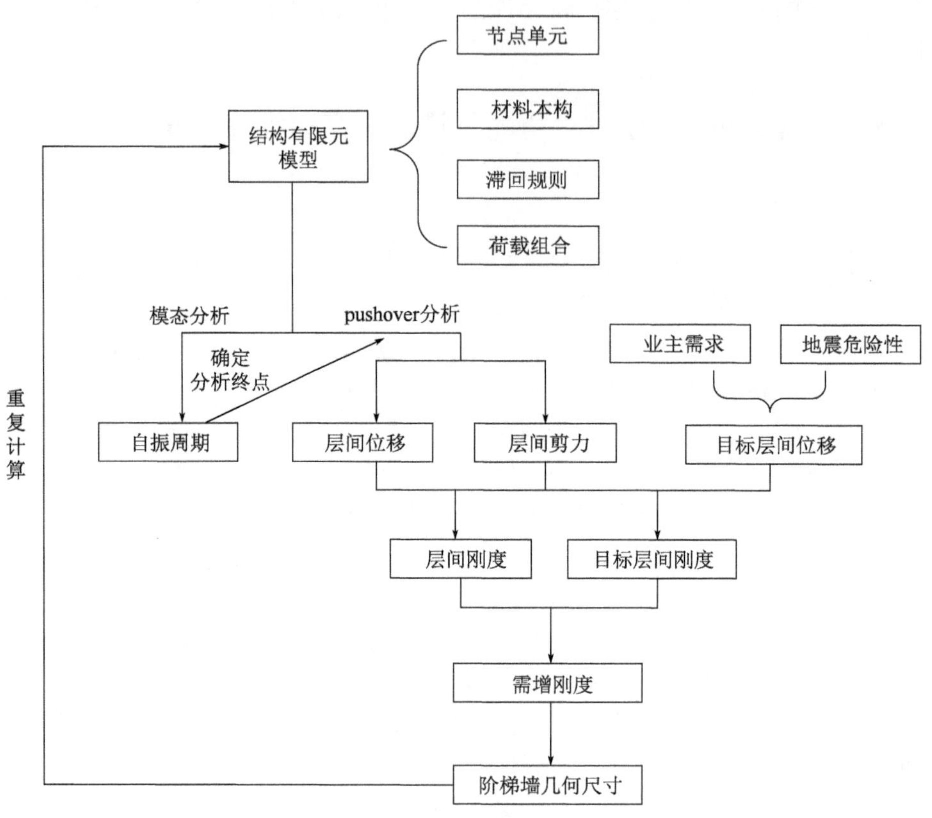

图 6-2　钢筋混凝土框架阶梯墙结构体系设计流程图

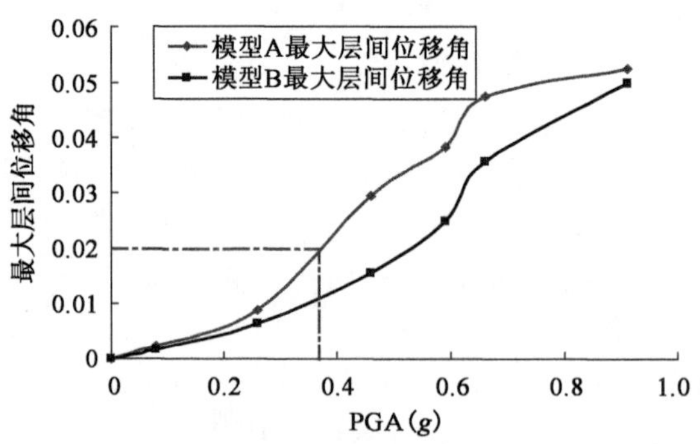

图 6-3　两个模型最大层间位移角与输入地震动 PGA 的关系

随着输入 PGA 的增大,阶梯墙贡献刚度也在不断退化。表 6-1 通过模型 B 与模型 A 层间刚度之差给出了各层阶梯墙在各工况下的贡献刚度。从表中可以直观发现阶梯墙贡献刚度随着输入 PGA 的增大而衰减，这是由于墙体在地震作用下发生塑性损伤导致的。通过试验相似关系可以推得原型结构各层阶梯墙在各工况下的贡献刚度，见表 6-2。原型结构中阶梯墙截面厚度为 200mm，底层高度为 4200mm，其他三层高度为 3600mm。基于表 6-2 中的数据，对底层刚度进行修正后，可以回归得出截面厚度为 200mm、层高为 3600mm 的墙体在不同地震动输入强度下的贡献刚度，见式(6-1) ~ 式(6-5)和图 6-4。此外，也可采用合理的本构关系和分析模型确定在一定地震动强度水平下墙体截面尺寸与其贡献刚度的相关关系。

模型结构各层阶梯墙在各工况下的贡献刚度　　表 6-1

PGA	楼层	层间剪力(kN)		层间位移(mm)		层间刚度(kN/mm)		阶梯墙贡献刚度(kN/mm)
		模型 A	模型 B	模型 A	模型 B	模型 A	模型 B	
0.26g	4	9.5	18.7	3.2	4.6	3.0	4.1	1.1
	3	17.4	34.1	4.2	4.4	4.2	7.8	3.6
	2	24.5	48.2	6.4	4.7	3.8	10.3	6.4
	1	32.0	60.3	6.4	4.0	5.0	15.1	10.1
0.46g	4	14.5	29.2	8.1	11.2	1.8	2.6	0.8
	3	27.0	48.2	15.9	9.9	1.7	4.9	3.2
	2	36.5	63.6	19.6	10.0	1.9	6.4	4.5
	1	50.2	79.8	24.7	7.8	2.0	10.2	8.2
0.59g	4	19.0	32.8	15.9	18.1	1.2	1.8	0.6
	3	34.7	59.2	26.5	17.0	1.3	3.5	2.2
	2	46.1	78.1	28.3	13.2	1.6	5.9	4.3
	1	66.1	95.7	32.1	9.8	2.1	9.8	7.7
0.66g	4	15.3	30.1	23.4	25.8	0.7	1.2	0.5
	3	28.3	54.7	24.8	23.0	1.1	2.4	1.2
	2	39.3	73.0	27.7	18.2	1.4	4.0	2.6
	1	60.3	95.7	40.7	17.0	1.5	5.6	4.1
0.91g	4	16.7	31.1	26.6	35.6	0.6	0.9	0.2
	3	29.4	59.9	29.2	31.2	1.0	1.9	0.9
	2	40.9	79.1	31.0	27.5	1.3	2.9	1.6
	1	62.5	105.5	44.2	30.9	1.4	3.4	2.0

原型结构各层阶梯墙在各工况下的贡献刚度 表 6-2

模型(kN/mm)					折合原型(kN/mm)				
PGA	楼 层				PGA	楼 层			
	4	3	2	1		4	3	2	1
0.26g	1.1	3.6	6.4	10.1	0.16g	9.9	32.7	58.4	91.6
0.46g	0.8	3.2	4.5	8.2	0.29g	7.5	28.8	40.9	74.5
0.59g	0.6	2.2	4.3	7.7	0.37g	5.6	19.8	39.0	70.0
0.66g	0.5	1.2	2.6	4.1	0.41g	4.7	11.3	23.6	37.7
0.91g	0.2	0.9	1.6	2.0	0.57g	2.3	8.3	14.2	18.2

$$K = 5.352E - 06h^{2.13} \quad (\mathrm{PGA} = 0.16g) \tag{6-1}$$

$$K = 2.456E - 06h^{2.20} \quad (\mathrm{PGA} = 0.29g) \tag{6-2}$$

$$K = 1.235E - 07h^{2.58} \quad (\mathrm{PGA} = 0.37g) \tag{6-3}$$

$$K = 6.938E - 07h^{2.28} \quad (\mathrm{PGA} = 0.41g) \tag{6-4}$$

$$K = 2.377E - 05h^{1.74} \quad (\mathrm{PGA} = 0.57g) \tag{6-5}$$

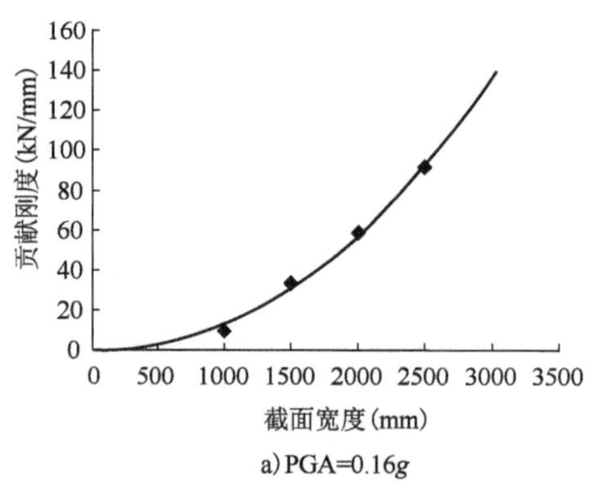

a) PGA=0.16g

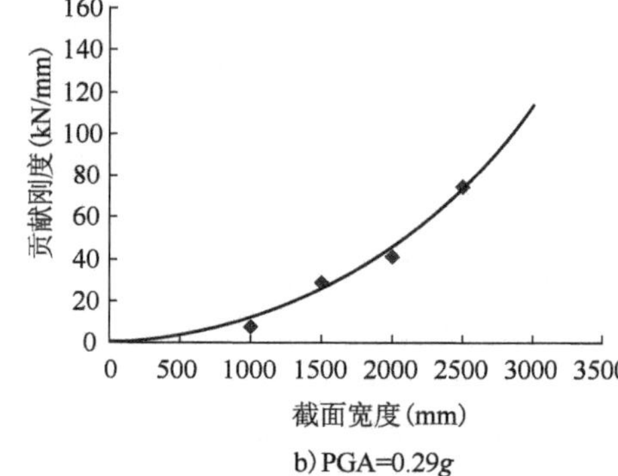

b) PGA=0.29g

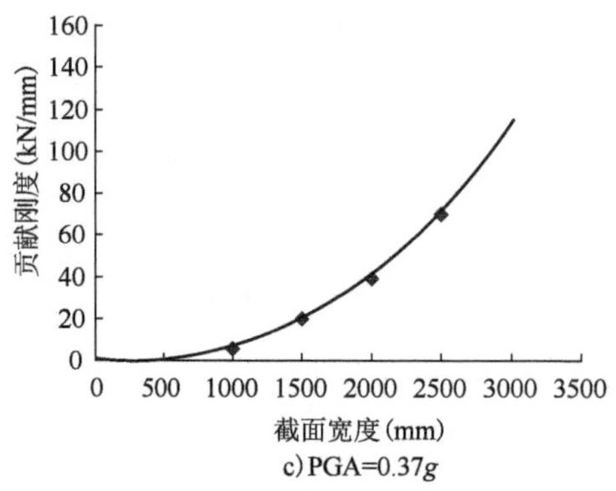

c) PGA=0.37g

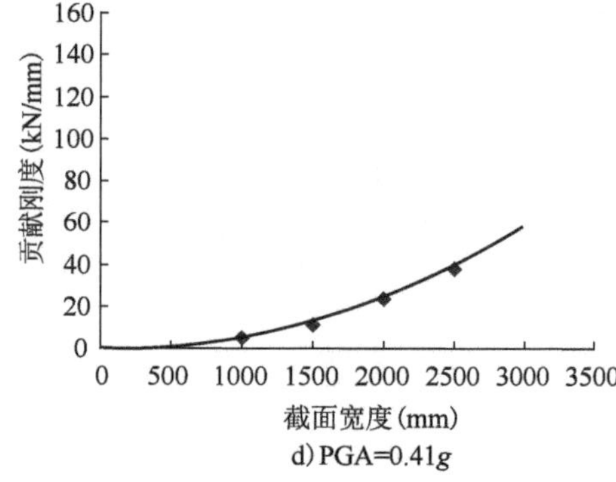

d) PGA=0.41g

图 6-4

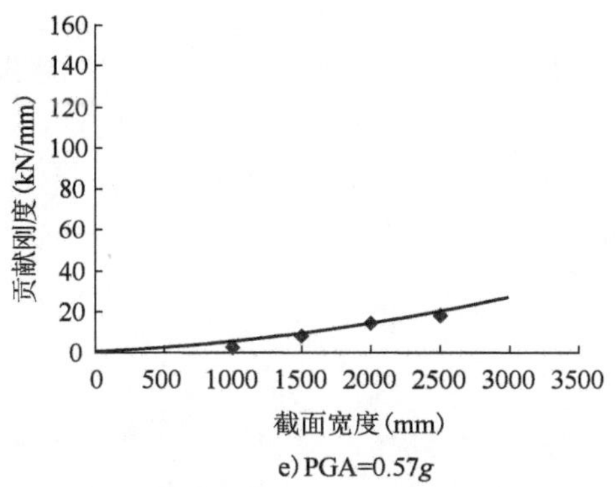

e) PGA=0.57g

图 6-4　不同地震动输入强度下阶梯墙贡献刚度与截面宽度关系

在非首次静力弹塑性分析中,我们希望改进结构在原结构最大层间位移角达到 1/50 时的地震强度下达到目标层间位移需求。此时,就需要明确这个相应的地震强度如何确定,本书采用基于《建筑抗震设计规范》(GB 50011—2010)设计反应谱的方法(图 6-5)进行确定。一般来讲,多层框架结构的自振周期处于地震影响系数曲线中的 $T_g \sim 5T_g$ 段,即:

$$\alpha = \left(\frac{T_g}{T}\right)^{\gamma} \eta_2 \alpha_{max} \tag{6-6}$$

式中:α——地震影响系数;

α_{max}——地震影响系数最大值;

T_g——场地特征周期,s;

T——结构自振周期,s;

γ——$\gamma = 0.9 + \dfrac{0.05 - \zeta}{0.3 + 6\zeta}$;

η_2——$\eta_2 = 1 + \dfrac{0.05 - \zeta}{0.08 + 1.6\zeta}$;

ζ——结构阻尼比,对钢筋混凝土结构一般取 0.05。

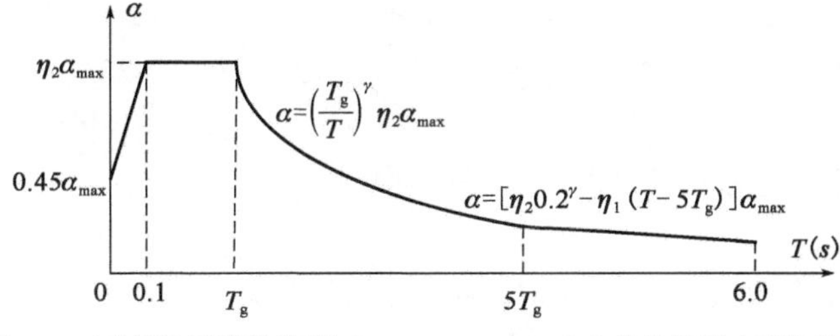

图 6-5　《建筑抗震设计规范》(GB 50011—2010)中的地震影响系数曲线

结构基底剪力 $F_{\mathrm{Ek}}=\alpha G_{\mathrm{eq}}$，其中 G_{eq} 为结构重力荷载代表值。在首次静力弹塑性分析中，可以获得原结构最大层间位移角达到 1/50 时的基底剪力。结构增设阶梯墙后，结构自振周期发生变化，相应地，地震影响系数和基底剪力也发生变化，通过上述公式可以得到两个结构的基底剪力比：

$$\frac{F_{\mathrm{EK}i}}{F_{\mathrm{EK0}}}=\frac{\alpha_i G_{\mathrm{eq}}}{\alpha_0 G_{\mathrm{eq}}}=\frac{\left(\dfrac{T_{\mathrm{g}}}{T_i}\right)^{\gamma}\eta_2\alpha_{\max}G_{\mathrm{eq}}}{\left(\dfrac{T_{\mathrm{g}}}{T_0}\right)^{\gamma}\eta_2\alpha_{\max}G_{\mathrm{eq}}}=\left(\frac{T_0}{T_i}\right)^{\gamma}=\left(\frac{T_0}{T_i}\right)^{0.9} \tag{6-7}$$

基于式(6-7)，可以得到非首次静力弹塑性分析需达到的相应地震强度下的结构基底剪力。在设计过程中，只需检查改进结构达到该基底剪力水平时是否满足目标层间位移需求即可。

6.3.2 构造要求

在上文振动台试验中，墙体的破坏模式较为一致，图 6-6 给出了底层墙体在 PGA＝0.91g 后的破坏状态。破坏主要集中在墙体四角，可分为两类破坏模式：A 类是墙体顶部与梁交接处角部由于应力集中导致的墙体和梁上破坏；B 类是墙体底部呈现出典型的弯曲型破坏，底部混凝土压溃，钢筋屈曲。墙体没有出现显著的剪切斜裂缝。

a）墙体典型破坏模式

b）A类破坏模式

c）B类破坏模式

图 6-6 底层墙体破坏状态

针对上述两类破坏模式，有必要在相应部位加强构造配筋措施。本书主要总结了我国现行《建筑抗震设计规范》(GB 50011—2010)中针对剪力墙约束边缘构件和框架梁箍筋加密区的构造配筋要求，初步提出了针对阶梯墙的构造配筋要求。

《建筑抗震设计规范》(GB 50011—2010)第 6.4.5 条规定了抗震墙两端和洞口两侧应设置边缘构件，根据抗震墙的抗震等级和轴压比的不同，边缘构件可分为构造边缘构件和约束边缘构件。鉴于阶梯墙在结构体系中的重要性，以及其设置数量并不多，本书建议在阶梯墙的两端一律设置约束边缘构件。约束边缘构件沿墙肢的长度、配箍特征值、箍筋以及纵向钢筋宜符合表 6-3 的要求。其中抗震等级按照《建筑抗震设计规范》(GB 50011—2010) 中对框架-抗震墙结构的规定提高一级采用。

阶梯墙约束边缘构件的范围及配筋要求　　表 6-3

项　目	一级(Ⅸ度)		一级(Ⅶ、Ⅷ度)		二、三级	
	$\lambda \leq 0.2$	$\lambda > 0.2$	$\lambda \leq 0.3$	$\lambda > 0.3$	$\lambda \leq 0.4$	$\lambda > 0.4$
l_c(暗柱)	$0.20h_w$	$0.25h_w$	$0.15h_w$	$0.20h_w$	$0.15h_w$	$0.20h_w$
l_c(端柱)	$0.15h_w$	$0.20h_w$	$0.10h_w$	$0.15h_w$	$0.10h_w$	$0.15h_w$
配箍特征值 λ_v	0.12	0.20	0.12	0.20	0.12	0.20
纵向钢筋(取较大值)	$0.012A_c$，8ϕ16mm		$0.012A_c$，8ϕ16mm		$0.010A_c$，6ϕ16mm	
箍筋沿竖向间距	100mm		100mm		150mm	

注：1. l_c 为约束边缘构件沿墙肢长度，且不小于墙厚和 400mm；当采用端柱时，不应小于端柱沿墙肢方向截面高度加 300mm。

2. h_w 为阶梯墙墙肢长度。

3. λ 为墙肢轴压比。

4. A_c 为约束边缘构件的截面面积。

而与墙体顶部交接处的梁段应进行箍筋加密处理，加密区的长度、箍筋最大间距和最小直径可参照《建筑抗震设计规范》(GB 50011—2010) 第 6.3.3 条，如表 6-4 所示。当梁端纵向受拉钢筋配筋率大于 2% 时，表中箍筋最小直径数值应增大 2mm。其中抗震等级按照《建筑抗震设计规范》(GB 50011—2010) 中对框架-抗震墙结构的规定提高一级采用。

与阶梯墙交接处的梁段箍筋加密要求　　表 6-4

抗震等级	加密区长度(采用较大值)(mm)	箍筋最大间距(采用最小值)(mm)	箍筋最小直径(mm)
一	$2h_b$，500	$h_b/4$，$6d$，100	10
二	$1.5h_b$，500	$h_b/4$，$8d$，100	8
三	$1.5h_b$，500	$h_b/4$，$8d$，150	8
四	$1.5h_b$，500	$h_b/4$，$8d$，150	6

注：1. d 为纵向钢筋直径，h_b 为梁截面高度。

2. 箍筋直径大于 12mm、数量不少于 4 肢且肢距不大于 150mm 时，一、二级的最大间距应允许适当放宽，但不得大于 150mm。

6.4 设计实例

以前文所示的玉树武警支队二中队营房中的三榀框架为例,按上述方法进行阶梯墙的方案设计。假定增设的阶梯墙厚度为200mm,表6-5为计算过程,基于侧向力呈倒三角形分布的静力弹塑性分析得到的设计方案为第1~4层截面高度分别为2957mm、2308mm、1842mm、0mm。考虑到动力效应的影响及抗侧刚度竖向连续性分布的要求,最终确定设计方案为第1~4层截面高度分别为3000mm、2300mm、1800mm、1500mm。

计算过程　　表6-5

分析步数	楼层	层间位移(mm)	层间剪力(kN)	层间刚度(kN/mm)	目标层间刚度(kN/mm)	需增刚度(kN/mm)	阶梯墙现需宽度(mm)
1	1	72.3	2129	29.4	51.3	21.9	1591
	2	61.0	1916	31.4	46.2	14.8	1367
	3	58.1	1486	25.6	35.8	10.2	1185
	4	32.6	851	26.1	20.5	0	0
2	1	54.5	2530	46.4	61.1	14.7	2957
	2	46.1	2281	49.5	55.1	5.6	2308
	3	43.7	1742	39.9	42.1	2.2	1842
	4	33.4	995	29.8	24.0	0	0
3	1	44.3	3121				
	2	38.7	2814				
	3	35.7	2149				
	4	29.3	1228				

基于上述计算结果和结构平面布置,给出了整个结构的阶梯墙布置方案,如图6-7所示。其中墙体水平和竖向分布钢筋的配筋采用《建筑抗震设计规范》(GB 50011—2010)第6.4.3条的构造配筋要求。

6.4.1 模态分析

采用有限元分析程序SAP2000建立了玉树武警支队营房和布置阶梯墙后的营房模型,分别进行模态分析。两个结构前4阶振型均表现出很强的整体振动特性,振型图分别如图6-8和图6-9所示,振型特性分别见表6-6和表6-7。由

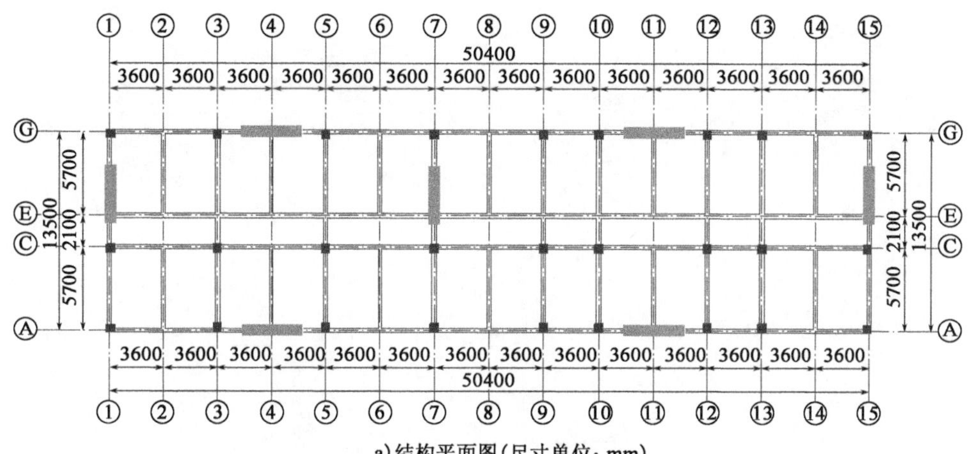

a)结构平面图(尺寸单位：mm)

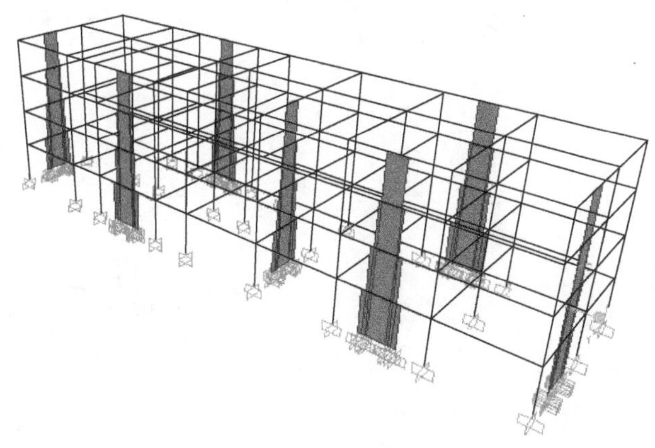

b)结构示意图

图 6-7　阶梯墙布置方案

于设置阶梯墙后,结构抗侧刚度增大,导致结构自振周期缩短;此外原结构第二阶振型为整体扭转,增设阶梯墙后结构平面刚度分布更加平均合理,整体扭转振型降为第三阶振型。

原结构振型特性　　表 6-6

振　　型	周期(s)	描　　述
第一阶	0.748	短轴方向整体倒三角振动
第二阶	0.698	整体扭转振动
第三阶	0.628	长轴方向整体倒三角振动
第四阶	0.231	短轴方向整体单波形振动

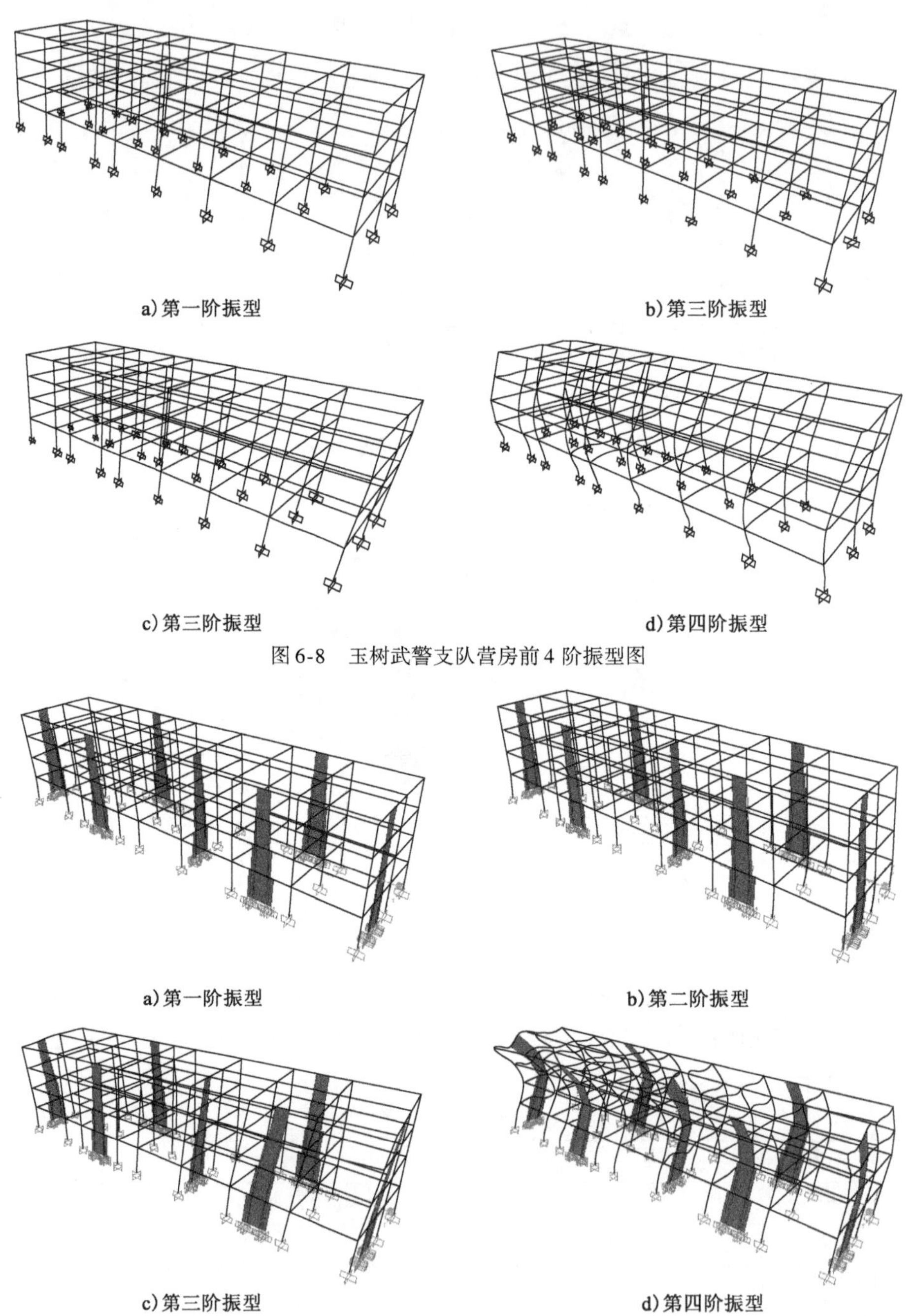

a)第一阶振型　b)第三阶振型

c)第三阶振型　d)第四阶振型

图 6-8　玉树武警支队营房前 4 阶振型图

a)第一阶振型　b)第二阶振型

c)第三阶振型　d)第四阶振型

图 6-9　布置阶梯墙后的玉树武警支队营房前 4 阶振型图

布置阶梯墙后的结构振型特性　　表 6-7

振　型	周期(s)	描　述
1	0.451	短轴方向整体倒三角振动
2	0.372	长轴方向整体倒三角振动
3	0.360	整体扭转振动
4	0.139	短轴方向整体单波形振动

6.4.2　抗震性能评估

采用非线性有限元分析程序 IDARC 对上述两个结构进行短轴方向上的弹塑性时程分析，以对结构在布置阶梯墙后的抗震性能改善程度进行评价。原结构位于Ⅶ度设防地区，设计基本地震加速度为 0.15g。对两个结构进行了 0.31g（Ⅶ度大震，用以模拟罕遇地震强度）和 0.51g（Ⅷ度大震，用以模拟极罕遇地震强度）下的弹塑性时程分析。基于台站与地震信息的地震动记录选取方法，选取了 8 组地震动记录作为输入，见表 6-8。原结构和布置阶梯墙后结构的位移反应分别见图 6-10 和图 6-11。

抗震性能评估选用的地震记录　　表 6-8

序　号	震　级	年　份	地震事件	台站名称
1	6.5	1987	Superstition Hills	Poe Road (temp)
2	6.6	1971	San Fernando	LA-Hollywood Stor
3	6.7	1994	Northridge	Beverly Hills-Mulhol
4	6.7	1994	Northridge	Canyon Country-WLC
5	6.9	1995	Kobe	Nishi-Akashi
6	6.9	1995	Kobe	Shin-Osaka
7	7.1	1999	Duzce	Bolu
8	7.1	1999	Hector Mine	Hector

从分析结果可见，纯框架结构最大层间位移角基本集中在底层，这与实际震害和本书振动台试验现象是一致的。增设阶梯墙后，一方面有效降低了最大层间位移角的数值，另一方面有效地改善了底层位移集中这一问题，各层层间位移趋于均匀。在 0.31g 强度的地震动作用下，钢筋混凝土框架阶梯墙结构的最大层间位移角均小于 0.02，均值在 0.007 左右；纯框架结构的最大层间位移角，在 1 条地震动下超过了 0.02，均值在 0.011 左右。在 0.51g 强度的地震动作用下，

钢筋混凝土框架阶梯墙结构的最大层间位移角,在 2 条地震动下超过了0.02,均值在 0.013 左右;纯框架结构的最大层间位移角,在 3 条地震动下超过了 0.02,均值在 0.02 左右。

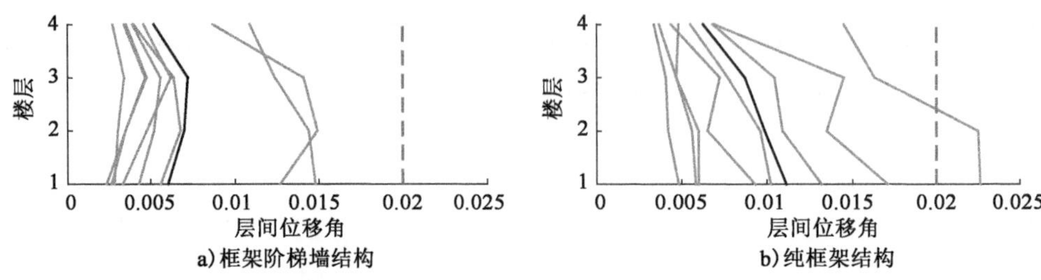

图 6-10　0.31g 地震动作用下两个结构层间位移反应

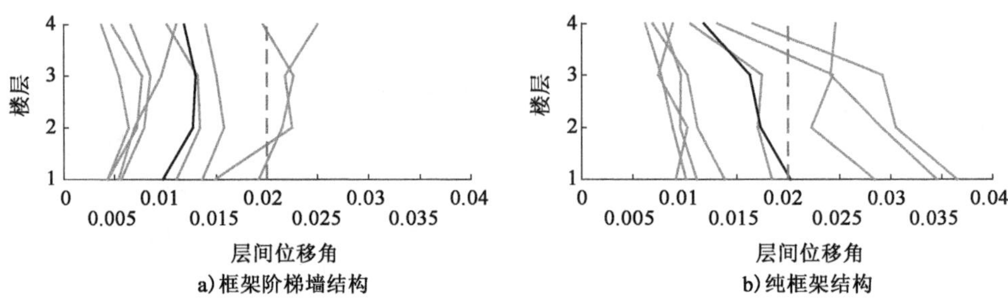

图 6-11　0.51g 地震动作用下两个结构层间位移反应

6.5　本章小结

由于阶梯墙是结构体系中重要的抗侧构件和整体损伤控制构件,在结构地震反应中起到非常重要的作用,因此钢筋混凝土框架阶梯墙结构体系设计的一个核心内容就是合理设置阶梯墙在框架结构各层中的刚度需求,以使各楼层在地震作用下能够具有相近的层间位移,最大限度地发挥整个结构的抗震能力。本章提出了一种基于静力弹塑性分析的阶梯墙设计方法,并基于钢筋混凝土框架阶梯墙结构的破坏特点,对关键部位提出了具体的构造要求。最后给出了一个具体的阶梯墙设计实例,并对其进行了抗震性能评估。

本章参考文献

[1] Quantification of building seismic performance factors: ATC-63[S]. Redwood City: Applied Technology Council, 2008.

[2] Minimum design loads for buildings and other structures: ASCE/SEI 7-05 [S]. Reston: American Society of Civil Engineers, 2005.

[3] 翟长海，谢礼立. 抗震结构最不利设计地震动研究[J]. 土木工程学报，2005，38(12)：51-58.